环境艺术设计基础

屈德印　等编著

中国建筑工业出版社

图书在版编目(CIP)数据

环境艺术设计基础／屈德印等编著．—北京：中国建筑工业出版社，2006
 ISBN 978-7-112-08620-7

Ⅰ．环… Ⅱ．屈… Ⅲ．环境设计—高等学校—教材 Ⅳ．TU-856

中国版本图书馆 CIP 数据核字(2006)第 099625 号

责任编辑：唐　旭
责任设计：崔兰萍
责任校对：张景秋　王雪竹

环境艺术设计基础

屈德印　等编著

＊

中国建筑工业出版社出版、发行（北京西郊百万庄）
各地新华书店、建筑书店经销
北京天成排版公司制版
北京建筑工业印刷厂印刷

＊

开本：787×1092毫米　1/16　印张：9　字数：215千字
2006年9月第一版　2018年3月第四次印刷
定价：**28.00**元
ISBN 978-7-112-08620-7
　　　(15284)

版权所有　翻印必究
如有印装质量问题，可寄本社退换
(邮政编码 100037)

本社网址：http://www.cabp.com.cn
网上书店：http://www.china-building.com.cn

前　言

　　《环境艺术设计基础》是环境艺术设计专业的一门专业基础课程。本书主要是依据环境艺术设计初步学习所必须了解的基础知识和必须撑握的基本技能,结合近年来综合类院校环境艺术设计专业学生的知识结构与艺术修养的状况有针对性地编写的。通过对环境艺术设计基本知识的学习,增加学生对该专业学习的兴趣,了解环境艺术设计的基本范畴、发展历程和设计对象的基本特征;初步掌握环境艺术设计的基本表现方法和设计方法,使学生具备环境艺术设计所必需的基本素养和技能。

　　目前,综合类院校的环境艺术设计专业的学生人数较多,绘画基础和理性逻辑思维相对较弱。各个学校对于环境艺术设计基础课程的教学内容也存在着差异,教学方法也不尽相同;大多数学校仍然沿用《建筑设计初步》教材,很难满足环境艺术设计基础学习的需要。为此,编者总结多年来该课程教学的经验编写了这本教材。作为专业基础教材,我们力求做到概念准确、简洁、通俗、重点突出,并以图文结合的方式,增强学生对概念的了解。由于实践经验和理论水平的限制,书中缺点错误在所难免,恳切希望大家给予批评指正。

　　本书在编写过程中,得到了浙江科技学院、浙江理工大学、平顶山工学院和中国建筑工业出版社的大力支持,在此表示衷心地感谢。

　　本书由屈德印编著,编写人员分工如下:

　　屈德印(浙江科技学院)——编写第一章、第二章、第五章的第一节、第二节和第三节。

　　王秀萍(浙江理工大学)——编写第三章的第一节和第三节。

　　王依涵(浙江理工大学)——编写第三章的第二节。

　　王蔚忻(浙江科技学院)——编写第四章。

　　傅隐鸿(浙江科技学院)——编写第五章的第四节和第五节。

　　李慧玲(平顶山工学院)——提供第五章第二节和附图的部分图。

屈德印
2006 年 6 月于杭州

目 录

前 言

第一章 环境艺术设计概论 ... 1
第一节 环境设计的概念和范畴 ... 1
1. 环境设计的概念 ... 1
2. 环境设计的范畴 ... 2
第二节 环境艺术设计的特性 ... 3
1. 环境艺术的场所与设计 ... 3
2. 环境艺术的综合性与个性 ... 4
3. 环境艺术的多学科性 ... 5
第三节 现代环境艺术设计的特征 ... 5
1. 现代环境艺术设计观念的整体性特征 ... 5
2. 人与环境关系最适化的特征 ... 6
3. 环境空间的地方化特征 ... 8
4. 环境设计的文化特征 ... 9
5. 室内环境设计的艺术特征 ... 9
6. 室内设计与建筑设计 ... 10
第四节 环境艺术设计的构成要素与设计原则 ... 10
1. 建筑外部环境设计的构成要素 ... 10
2. 室内环境设计的构成要素 ... 11
3. 环境设计的原则 ... 11
第五节 现代环境设计理念的发展趋势 ... 13
1. 向自然回归 ... 13
2. 向历史回归 ... 13
3. 向高科技、深情感发展 ... 14

第二章 环境设计的发展历程 ... 15
第一节 中国传统的环境设计观的发展 ... 15
1. 中国古代传统建筑与环境的思想基础 ... 15
2. 中国古典园林的环境观与艺术特色 ... 15
3. 中国古代城市建设的环境观及其特征 ... 18
第二节 外国古代的环境设计观的发展 ... 21
1. 古代埃及的环境设计观 ... 21
2. 古希腊的环境设计观 ... 21

3．古罗马的环境与空间追求 ························· 22
  4．欧洲中世纪的环境观 ····························· 22
  5．现实生活的场所——意大利文艺复兴时期的环境观 ······· 23
  6．法国古典主义与君权专制时期的环境观 ················ 24
  7．英国自然式园林 ································· 26

第三章　环境与空间 ································· 27
 第一节　空间属性 ·································· 27
  1．空间的物质属性 ································· 27
  2．空间的精神属性 ································· 27
  3．空间的构成方法 ································· 29
 第二节　室内空间设计基础 ··························· 31
  1．室内空间的类型 ································· 31
  2．单一的建筑内部空间特性 ························· 32
  3．多空间组合的处理 ······························· 35
 第三节　外部空间环境设计基础 ······················· 44
  1．建筑外部空间的分类 ····························· 44
  2．外部空间的布局 ································· 46
  3．空间的尺度 ····································· 46
  4．外部空间的序列 ································· 47
  5．其他手法 ······································· 48

第四章　环境艺术设计的程序与基本方法 ··············· 50
 第一节　环境艺术设计的程序 ························· 50
  1．设计前期 ······································· 50
  2．方案设计 ······································· 50
  3．扩初设计 ······································· 50
  4．施工图设计 ····································· 51
  5．设计实施 ······································· 52
  6．设计评估 ······································· 52
 第二节　环境艺术设计的任务分析 ····················· 53
  1．对设计要求的分析 ······························· 53
  2．对环境设计条件的分析 ··························· 54
  3．资料的搜集与调研 ······························· 55
 第三节　设计方案的构思与深入 ······················· 56
  1．环境艺术设计的思考方法 ························· 56
  2．设计方案的构思 ································· 57

3. 多方案比较方案阶段的重要环节 ·············· 62
4. 设计方案的深入 ·············· 63

第五章　环境艺术设计方案表达基础　65
第一节　环境艺术设计方案表达的基本形式　65
1. 设计推敲性表达 ·············· 65
2. 展示性表达 ·············· 67
第二节　环境与景观设计徒手表达基础　70
1. 景观钢笔速写概述 ·············· 71
2. 景观钢笔速写基础技法 ·············· 80
第三节　环境艺术设计画图基础　91
1. 线条图 ·············· 91
2. 平、立面图配景图例表达 ·············· 93
第四节　钢笔淡彩表达基础　98
1. 色彩的基本知识 ·············· 98
2. 水彩渲染的铺助工作 ·············· 99
3. 水彩渲染的分法步骤 ·············· 100
4. 建筑局部水彩渲染技法要领 ·············· 102
5. 水彩渲染常见错误 ·············· 104
第五节　模型制作基础　104
1. 模型的种类 ·············· 104
2. 简易模型制作练习 ·············· 105
3. 工作模型 ·············· 105
4. 正式模型 ·············· 105

图片来源 ·············· 107

附图 ·············· 108

参考文献 ·············· 135

第一章 环境艺术设计概论

第一节 环境设计的概念和范畴

虽然我们生存的环境中有着许多人为的疆界,然而,我们的世界仍然是个整体。人类共享着同一个天空、海洋和为数不多且不能再生的自然资源。人类以自己的力量适应自然环境,同时又不甘心受自然的支配,总是梦想成为能支配自然的主人。人类用了几万年的时间,摆脱了与动物相似的树栖洞居的生存方式;又用了几千年的时光,构筑了城市这样的生存形态。人类进化的历史,也正是一部人类用自己力量构造理想的生存环境的历史。在这个过程中,人类构造生存环境的意识和思想应运而生、不胫而走、相互影响、不断交流、烁古恒今。正是这种相互间的影响,促进了人类环境设计活动的进步。

1. 环境设计的概念

"环境"原是生物学范畴的用语,可以理解为"被围绕、包围的境域",或者是"围绕着生物体以外的条件"。

建筑规划师认为:环境可以定义为"场",它是人类赖以生存的时空系统。环境就是时空,时间是流动的,空间是固定的。在时空中物质能量、信息、精神相互交流。

现代环境设计的概念犹如生物学上的生物群落的共生键,维系着自然万物的萌发,并处于动态平衡状态。这种状态恰恰是现代环境设计应追求的目标,其任务在于设计出最优的"人类—环境"系统,这个系统将展示人类与环境的共存,人类与环境在新的高层次的平衡和发展。

环境设计是个新概念。大,它能涉及整个人居环境的系统规划;小,它可关注人们生活与工作的不同场所的营造。环境的概念其内涵是一个动态的发展概念,不同的学科对于其认识也有其特定的意义,有生态的、景观的、政治的、经济和文化的。这些认识的产生与发展都与时代科学的进步和人们生活水平的提高以及受教育的普遍性有着极大的关系。

一个地区的地质、水文、气候、资源决定了生活习惯的基础,而生活习惯又反过来对人的行为、语言、文化产生影响。如,陕北的窑洞与黄土高原、秦腔、腰鼓以及方言的关系,江南民居与小桥流水、山清水秀环境以及越剧、吴侬软语的关系。所以说环境是抽象的,又是具体的和有针对性的。

另一方面,环境不是简单搞所谓的平衡,而是寻其自然共生的规律。我们今天无法让恐龙复活,如果复活的话自然生态的环境链将重新分配。有一点是肯定的,那就是科技的发展使人们对自然的认识更加深入,但同时由于人类欲望的无止境决定了对自然的破坏也在加深、加快。如矿产、石油等不可再生资源的开采，不仅仅是对水土流失的影响，更重要的是对整个地球的破坏，其影响的程度我们今天是难以评估的。正如20世纪60年代制冷所用的氟利昂，当时的人们认为这是多么伟大的发明，效果好而且稳定，又便于控制；但谁也没有想到它是地球臭氧层的杀手，是造成今天气候反常的最主要的因素之一。而自然灾害所造成的损失到今天为止是无法统计的。

从建筑学领域研究环境，一般是指城市景观环境。它包括自然环境和人工环境，是城市内比较固定的物质存在物，是人们的视觉可以感受到的、身心能够体验到的室外空间。

城市景观环境具体是由建筑、街道、广场、树木、小品等基本的物质构成一个统一的有机体。在空间的形态上则表现为点（建筑）、线（街道）、面（广场）的有机组合。

城市景观环境设计的对象是居住其间的人，而人的行为才是真正的主体。因为所有的物质设施都是针对一定的人群而设计的，是为了满足人的某种行为需要而设置的。也就是说，城市景观设计不是设计者的主观臆想的结果，而是公众共同参与的结果，也只有这样才能够是合理的存在。

另一方面作为空间载体的城市环境景观是各种自然因素和人文因素的综合体。而建筑外环境实质上是一个过渡性空间，有私密性的一面也有公共性的特性，是针对室内环境而言的。

今天的环境概念已经趋向于综合。人们认识到任何片面的认识对环境都是有害的。环境应该是一个完整的统一体，既有生物的多样性，又有特定的地域性。

2．环境设计的范畴

一般来讲，环境设计的工作范畴要涉及城市设计、景观园林设计、建筑与室内设计的有关技术与艺术问题，环境设计师的职责似乎有一点"文艺复兴"时期的设计师与艺术家的味道。环境设计师从修养上讲应该是个"通才"，除了应当具备相应专业的技能和知识，如有关城市规划、建筑学、结构与材料等等之外，他更需要深厚的文化与艺术修养，因为任何一种健康的审美情趣都是建立在较完整的文化结构之上的。因此，文化史的知识、行为科学的知识等等，就成为每个环境设计师的必修课了。与设计师艺术修养密切有关的还有设计师自身的综合艺术观的培养问题，新的造型媒介和艺术手段的相互渗透与结合问题。环境设计又使各门类艺术在一个共享的空间中向公众同时展现。作为设计师，他必须具备与各类艺术交流沟通的能力，既没有门户之见，又必须热忱而理智地介入不同性质的设计活动，协调并处理有关人们的生存环境质量的优化问题。与其他艺术和设计门类相比，环境艺术设计师更是一个系统工程的协调者。

环境设计活动中有不同的分工，但是，分工却不能分家，所有对环境的设计都离不开对整体人居环境质量的思考。

在现代设计的理论领域，空间概念问题往往是抽象的，或者说是"纯艺术"的。其实，现实生活与传统的空间理论是有一定距离的。空间往往在生活中是一种物质的存在，由一些具体的"东西"构成。同时，不同的空间之间还有一种所谓"空间关系"。而空间关系的构成可能是下意识的、长期的、有机的，也可能是极为理性地"生产"出来的。因此对于"空间结构"的分析方法也就多种多样，对于"空间效果"的感受也就因人而异了。从表面上看，现代设计运动将建筑设计从唯美的19世纪传统中"解救"了出来，而提出了现代的空间概念。然而，它又从另一方面将建筑设计活动推向了"理性"而冷漠的深渊，人类的理性力量得以极大发挥，而环境质量却未必得到提高，甚至在很大范围内环境由于设计而有所破坏。更令人忧虑的是由于所谓现代设计思想的推波助澜，人们开始肆无忌惮地"征服自然"；设计师也自以为是社会的"给予者"，环境设计的现状因此而呈现出长期亢奋、草率，其结果是无视环境的整体质量。

当代环境设计理论的提出，正是针对现代设计活动中产生出来的各种弊端，强调设计形态的动态变化而非僵死形式；强调设计的系统性而非单一项目的自我表现；强调"关系"而非孤立的构筑物；强调科学、技术与艺术结合而非对于人类成就的片面表达。

第二节　环境艺术设计的特性

1. 环境艺术的场所与设计

我们生存空间的拥有以及生存活动的展开必然与场所的质量相关。其间，有技术问题，也有艺术与文化问题。这一切还都牵涉到了动物、植物、山川、大地与人的情感。因此，在场所的研究与创造活动中，一个人、物、天、地之间的"共生意识"的建立确乎也是必不可少的。因为，环境质量的提高正是这种共生条件的改善，是天意与人意的双重满足。而环境艺术之所以存在的理由就在于它实现着人们对其生存条件有着不断改善的理想。确切地讲，环境的艺术就是创造良好场所的艺术，就是用艺术的手段来优化、完善我们的生存空间。

自然环境是相对于人工场所或者说人工环境而存在的具体的自然造化。它存在的意义也在于它自身的空间结构的特征与属性：它们可能是相对独立的，或者是与人工场所相毗邻的。但无论如何它们是以自己的客观特点和人们藉此而赋予它们的意义为存在依据的。它是整个生态平衡的支撑，又是环境艺术整个文脉系统的重要组成部分。它也客观地制约着人工场所的形态构成与发展。因此，它是环境中最可宝贵的一部分，也是我们从事环境设计活动必须慎重对待的客体之一。若将环境设计作为一种艺术创作活动来看待，则有必要对艺术美及其表现进行若干探讨。

环境设计也可以看成人类的艺术创作活动。人们通过设计手段有意识地物质化自己的审美理想。在环境艺术中，物化形象和抽象功能与艺术空间是并存的。所谓物化形象，指的是赖以构成环境的界面和相关物品——广场、建筑、庭园、绿化、壁画、雕塑和特定的室内空间；所谓空间艺术则是物质形体的抽象的空间关系处理的艺术。两者便构成了环境艺术本身，并决定了这一艺术活动的质量。

环境艺术观念的客观化水准往往取决于一件作品是否能与客观条件和自然环境建立持久的协调，而不单纯的是造型艺术、形象艺术。孤立的或局部的美好设施不是环境艺术的全部。环境艺术美所包含的艺术美与人们的创造活动有直接关系。纯粹的自然美人们只能望之兴叹——往往无奈地称之为"上帝的创造"。环境艺术只能是人们根据自己的、有限的认识和需求对客观环境做一些可能的调整。其间，不可避免地有许多不完善的地方，尽管有一些人类精神的闪光点。因此，环境艺术的美不是绝对的。人们在审视人为造化的时候总是按否定之否定的原则调整着自己的审美尺度的。柏拉图式的固有审美模式在环境艺术领域中很难找到合理的地位，相对性与偶然性，即是说人们做审美判断的相对比较与调整，对于特定环境或特定文化的偶发审美联想和即兴创造是不可忽视的。

2．环境艺术的综合性与个性

环境艺术审美的过程是一个多元化的感受与认识过程：个性离不开一般意义的、功能上的普遍性；现实性离不开历史上的延续性和发展上的未来性；诗兴离不开实用性。营造环境的艺术气氛有其特定的技巧。环境艺术作品作为一种综合性极强的艺术体裁，它的表现技巧是特殊的，考虑的内容很多，并且因地、因时、因人而异。作品必须按所表现的环境营造意图，明晰地用环境设计的语言表达出来。所表现的东西尽可能少地夹杂着不必要的内容。

环境艺术的表现不是拙劣装饰物的堆砌，而是准确地、经济地应用设计语言。那些与基本内容无关的饰物会破坏环境艺术本体，淡化环境艺术品的表现力度与鲜明的空间艺术个性。环境艺术作品的个性就是被定义的场所的特色，它是不可能为人所来来回回去拷贝的。独创性是美的起点。赝品一开始就丧失了个性，与美的创造无缘。个性的追求，尤其是在环境设计这个领域是个长期的过程。其间，经验的积累是最根本的事。虽说，有个性的设计师都很自信，对自己美感有把握，有执着的表达愿望。但是，他们并不一味自我欣赏，而往往做事谨慎，尊重客观工作环境。这里有一个共同点：无论环境设计作品的个性有多么强，只要是好的，必然是有条理、有秩序，与其文化和自然背景有着必然的联系。也就是说，环境设计师不仅要有聪颖的头脑，还要有宽广的胸怀。

环境设计是一个由若干工种结合的设计活动，它的实现还离不开物质材料和能工巧匠，只有艺术想像力与实在的技术、经济条件以及大众的审美情趣统一起来的时候，一件环境艺术作品才有可能被毫不造作地营造出来。环境艺术美感的实现有赖于观察者或使用者对美的体验；有赖于观察者或者体验者在环境经验过程中的联想。好的环境艺术作品能为人们的想像力留有余地，创造一种审美的自由境界。

3．环境艺术的多学科性

环境艺术不是纯欣赏意义的艺术，它始终和人的利用结合在一起，并与工程技术有着密不可分的联系，是科学与艺术的结合体。在一定意义上也可以把环境艺术看作是广义建筑学的有机组成部分。如果说"建筑是一门创造人类生活环境的综合的艺术和科学"，那就可以说"环境艺术也是创造人类生活环境的综合的艺术和科学"。环境艺术与建筑学相比，从文化内涵上更为深入，达到精神文化的更高层次，从形式上更具有艺术品质。

环境艺术设计是融合了多门类的艺术学科，它不仅涉及艺术与技术两大方面，还与社会学、美学、人类工程学、行为学、心理学等学科有关，各种学科交叉与融合，共同构成了外延广阔、内涵丰富、艺术与技术相结合的环境艺术。

第三节 现代环境艺术设计的特征

1．现代环境艺术设计观念的整体性特征

我们探究城市环境的景观创造，除开相关的社会经济因素，还侧重于功效和美学，这其中含有时间与空间、文化与个人等两重层面的内容。但是归结起来，其最终将集中反映于环境效益问题。所谓的城市景观创造，大多是在原有城市环境基础上进行的卓有成效的改进。大规模的建设必定以雄厚的资金和环境的根本变化为代价，可是如果缺乏对环境效益的研究，缺乏综合计划和更高层次的思考与创造，则使我们丧失掉无数宝贵的资财，并给环境背上沉重的包袱。它告诫我们："利"和"益"并不是必合其一的终极，只有顾及暂时与永久、局部与整体、近期与长远的利，才会使整个城市乃至国土环境获取最大的益，同时有益于社会的进步和民族的发展。

这就要求我们的每一项设计都始于周密的计划和研究。在进行环境设计时，无论是区域环境、广场改造、街区更新、建筑设计还是建筑小品系统构想，都要首先放眼于城市整体环境构架，考查它们的现实与历史、今天与未来、地方与外邻间的过渡和衔接，力图解决计划与实施的差别控制问题。这就是环境设计和景观建筑学之所以越来越引起世界各国重视的缘由所在。环境设计首先应该讲求科学——最大限度、最为合理地利用土地、人文和景观资源，"并依据自然、生态、社会与行为等科学的原则从事计划和设计，使人与环境彼此建立一种和谐均衡的整体关系"[1]；其次是技术和艺术——通过实地创造，以较小的代价获取较高品位的城市环境，并使城市景观中的一切存在物，哪怕是最细微最无足轻重的物件都必须有适当的功能，每件东西都应该满足美的要求。

人们会自然提出这样的问题：我们有城市规划工作者，有众多的建筑师、市政

---

[1] 引自 J·O·西蒙兹。landscape Architecture。

工程师、园林师乃至各种专业美术家,他们已分担了城市环境建设的各项工作,那么还要环境设计干什么?事实上,城市规划工作主要侧重从社会学以及心理、行为的综合观念出发,宏观地解决土地利用和开发问题,很难涉及细致的功能与美学研究。而在以往的城市建设中由于传统行业的规限、专业教育的分工和设计思想的单一,各专业者只能从事"份内"的工作,最大限度的合作也仅是补充本专业的明显缺陷。由于设计人员缺乏横向的相关领域知识和宏观的技术视野,彼此不能广泛地协调;因此在解决现代城市的庞大、复杂且多变的综合问题面前,不仅顾此失彼、难于应对,而且把整体的城市环境独家经营得零落疏离。有的城市空间甚至成为设计师们竞相喧嚣、自我表现的自由市场。因此,把具有多专业纽带作用的城市环境设计提到建设的相应地位,将对城市实质环境水平和质量的提高起到至关重要的作用。环境设计不可能取代各门类的专业设计,但它以其全方位的理论与实践能力,将补充各专业间的空白和推动多领域的密切合作。另一方面,随着科学技术和文化观念的进步,人类对城市环境的认识在不断深入,现代城市的建设要求更广阔的视野和更高的专业设计水平,我们的建筑、城建、园林、环境设计工作者只有建立整体环境观念和新知识结构(这其中包括对社会学和未来学的了解)才能担负起今天和未来的重任。

2.人与环境关系最适化的特征

人与环境关系的最适化包括:第一,人对环境的作用;第二,环境对人的作用。这两方面含有循环往复的内容。

1)人对环境的作用——保全和创造。

(1)保全:指人们为获取适宜环境,对原有环境中有价值有影响力的因素予以维护、发掘和补充。比如场所的空间、造型、色彩等视觉因素,以及民俗、宗教、政治等相关社会因素的物化。城市环境是个极其复杂的综合体,它是各种因素的集结,又是各种单位的总和。

人类生存空间的环境品质尽管有优劣差异之分,但综合而论不可能十全十美,也绝非一无是处。我们从事研究和设计,就是设法找出诸多因素中见长的方面及其缺憾所在,使之得以发扬光大或整治。特别是对那些行将消亡但并无碍于生活发展的东西,那些只属于我们自己、承继先人和连接未来的东西,更要有意识地挖掘、利用和维护。城市是人们长期经营和创造的结果,城市风格的多样性和独特性证明其自身的生命力。实践已显示:"保全"也会对城市风格的多样化再立新功。现代环境观念的发展,也具体体现在"选择"和"包容"的意识中。拆毁城墙、对古旧建筑"整旧如新"等城市建设思想,实际上等于斩断了城市生长的"根",在本质上与火烧阿房宫大同小异。

(2)创造:指人们进行环境更新过程中,对原有环境内容经过提炼,注入新的活力。在富有景观资源的我国城市中,以最小的代价获取最大的环境景观效益,则意味着最大的创造。创造,这一设计方向的确立是基于以环境慎重研究考察为前提，同时也取决于设计群体的价值观念和高水平的专业素养。人们往往把"建设"与"创造"两个词义相混淆，就如同"大兴土木"＝"环境美"、"美观"＝"昂贵"一样。创造必须强调效益，尊重地方条件、历史、环境和人，激发整体环境的活力，并适于未来发展的需要。一座城市、一个街区乃至一个庭院（单元环境）都具有自己的共性和个性文化，它们世代相传，每个时代的人们及社会都要为此付出智力和经济代价。这些代价的后果可能使环境勃发生机，也可能导致僵化和泯灭。创造和保全是相互联结的，其中并无截然的界限，只不过"因循"所占的比重在程度上有所差别而已。城市环境设计必须同时兼顾这两项目标的并行。在着力保全的同时进行有意识的创造，才会使我们对城市的整治更接近于环境的自然整体性质，使人为扭曲环境意义的因素减至最小，使环境质量增至最高。

2）环境对人的作用——亲切感、认同感、指认感、文化性、适应性。

（1）亲切感——在环境处理上使人感到安全便利体贴入微和自尊自爱。它体现在环境功能、氛围以至细部构造的若干层面。

（2）认同感——人们对环境感受的共识性和归属感。它体现于环境的性质、方向和领域等意象的明晰。

（3）指认感——人们对环境感受的差异性和新鲜感。它体现于环境的个性，予人们以探索和期待的意识。

（4）文化性——环境实体通过造型、色彩、质地以及空间处理、环境的过渡等，传达较高层次的文化价值和予人们以愉悦的美感。

（5）适应性——以上各要素在环境不断变化过程中，或在尽可能长时间内满足人们不断发展的物质和文化需要。

这五个要素均取决于环境对于人的作用，反过来说就是人对生活环境的多种要求。对此，许多学者从不同视角进行过广泛的探讨，吴良镛先生在《城市美的创造》一文中所谈及的美好城市的形态（清晰、可达性、多样性、选择性、灵活性、卫生）和美好城市要素（邻里感、乡土感、私密感和繁荣感）对我们很有启发，他把美感的范畴向心理学、社会学等领域展开，其主要结论之一是：不能把城市环境美与单纯的美观悦目混为一谈。

无论是人对环境的作用，还是环境对人的作用，都反映人与环境的相互作用关系。环境影响人的行为，人也能改变环境以促进自身的发展。为增进人与环境关系的良性循环，我们须依照三个原则：

现实的整体性——力求与环境的统一和谐。它是一种宽容和谦逊，胜过自我表现的虚荣。

时空的连续性——力求与环境的历史和未来联结。它抛开任何主义和流派的形式标签，深入与我们血水交融的文化，追寻隐匿于环境造物中的本来面目。

意识的民众性——力求与环境的最广大的所有者沟通，并为之服务。环境设计的最终目的是运用社会、经济、艺术、科技、政治等综合手段，来满足人在城市环境中的存在与发展需求。它使城市环境充分容纳人们的各种活动，而更重要的是使处于该环境中的人感受到人类生活的幸福与美好。

3．环境空间的地方化特征

环境的空间构成是一个比较复杂的问题。一个具有历史的城市，其建筑群落的组织方式是相对稳定和独特的，已有状态的形成往往取决于下列几种因素：

1）生活习惯。

2）具体的地貌条件。尽管在一些相邻的地区，地貌的总体特征相同，但一涉及具体方面，还是存在一些偶发的差异。这种差异可能造成聚落方式的变化。

3）历史的沿革，曾经发生于久远年代的变革与文化渗透等。

4）人均土地占有量。

总的来说，我国大中城市人口居住密度比较大。客观地看，我国城市（包括乡镇等小聚居区）的现代化发展是在改革开放之后起步的，至今不过20多年。在这段不长的时间里，我们完成的是远远大于20年的建设量。本该精雕细琢的城市面貌，大多成为粗放型产品。其中有些原因是不可控的，如人口过度膨胀，现代化建筑技术手段单一等，导致了城市地方化特色的丧失。另外，环境文化意识的淡薄，设计者对地方情调和环境构成缺乏体验和观察，也是造成粗放结果的重要原因。

城市风貌的载体并非完全由建筑的样式所决定，这里不妨想像眼前有一个鸟瞰的城市立体图，如北京的胡同、上海的里弄、苏州的水巷，人们的实际活动都发生在建筑之间的空白处，即街道、广场、庭院、植被地、水面等等。将这些空白用"负像"的方式加以突出，再把不同地方的城市空间构成加以比较，就不难看出异地空间构成的区别。例如北京的胡同，通常宽度相同，略窄于街道，一般只用于交通，可供车马通行。每到一定深度，某座四合院的外墙会向后退让丈把距离，且与邻院的一侧外墙和斜进的道路形成一块三角地，那便是左右邻里聚会谈天的活动场地。当然，通常还要有一棵老槐树和树下的石桌、石凳。上海的里弄则不像北京胡同那样"疏密相间"、开合有致，而是显得更加公共化、群体化。弄堂里的路呈鱼骨式交叉，一般是直角，宽度由城市街道到弄堂到宅前过道依次变窄。与胡同体系比较而言，住宅与弄堂的关系更为贴近。这些道路形式规整，既用于通行又用于交往联络。

可以看出，在不同的地方，人们就是那样使用城市的。前几代的设计师们已经考虑过生活行为的概要，就空间的排布方式、大小尺度、兼容共享和独有专用的喜好上提出了地方化的答案，而后世的人们则视之为当然的模式并习以为常。虽然这些答案并不一定是容纳生活百川的最佳方式，但毕竟是经过了生活方式的选择与认同，在人们的心理上形成了对惯有秩序的亲和。在其后的设计追求中，并不存在什么绝对理想而抽象的最佳方式，新设计所能做的不过是模仿、补充，一切变化应是在保持原有基础上的改良。当然，新的室外空间在传统格局的城市里并非完全不能出现。它通常随着新功能的引入而产生，比如市政广场、文艺长廊等等。这些内容在传统城市中并不存在，也可以看作是随着文化的变迁而产生的必要的更新。

如果说城市的出现包含形式和内容两部分的话，那么建筑的外空间就是城市的内容，而且空间的产生并不是任意的、偶发的，更不是杂乱无序的。它的成因深刻地反映着人类社会生活的复杂秩序，其中有外因的作用，也有自身的想像。一个环境设计师必须使自己具备明确感知空间特征的能力，并训练自己的分析力，以便判定空间特征与人的行为之间存在的对应关系。这种职业素养是创造和改善环境设计的基础之一。

4．环境设计的文化特征

环境设计是由自然环境与人工环境共同构成的，因此就具有自然属性和社会属性，它是一种社会文化的反映；是一个民族、一个时代的科技与艺术的反映，也是居民的生活方式、意识形态和价值观的真实写照。芬兰著名建筑师伊利尔·沙里宁曾说："让我看看你的城市，我就能说出这个城市居民在文化上追求什么。"

首先使用者是人，因此人的日常行为、习俗、价值观念和审美观念的文化与社会属性就是设计的构成部分。如作为城市公共空间的广场，在欧洲是与宗教的需要密切相关的，是宗教的需要，也是人们日常生活的内容所必需的场所；并在此基础上扩大到市政等公共设施的范畴，这也都是依据人的社会与生活需求而逐步发展的。中国古代城市空间中是没有广场的，这与中国古代城市作为"卫君"的军事堡垒功能性以及封建君权与布衣百姓的关系所决定的。因此一个地区的城市空间环境也往往是一个国家、地区文化的象征。上海的外滩、北京的天安门广场、威尼斯的圣马可广场、纽约的曼哈顿都是其中突出的例子。

另一方面特定的地理环境与自然环境也是某一民族的文化构成之一。如，阿拉伯文化与沙漠是密切关联的，缺水使得阿拉伯人特别珍惜水与绿色植物，创造了发达的庭院植物园艺和以游牧、经商为主的生活形态与文化等等。中国的文化的发源地之一黄河流域的仰韶文化与黄土高原肥沃的土壤以及宜人的气候密切相关，这就决定了中国古代文化是以农业文明为载体的。上海处于沿海口岸以及长江三角洲富饶地区的特定地理位置，使其在最近一百多年的发展中迅速发展并留下了过去殖民统治时期的历史见证等等。

5．室内环境设计的艺术特征

所谓室内设计，简单地说就是为满足人们的生产、生活的物质要求和精神要求而进行的建筑内部空间环境的设计。它将使室内空间更理想地为美化生活、美化环境服务。

具体地说，室内环境设计包括以下几方面的艺术特征：

1）创造合理的内部空间关系

所谓创造合理的内部空间关系，就是根据建筑的类型、性质和使用功能科学地组织室内空间，要尽量做到布局合理，交通便捷，空间层次清晰、明确。例如居住建筑的私密性，同时又要求能很方便地通向起居室、卫生间和厨房；工业建筑要符合合理的工艺流程；剧院建筑的剧场必须与门厅和休息厅连接，有便捷的路线等等。

2）创造舒适的内部空间环境

所谓创造舒适的内部空间环境，就是要求满足人在生理上对室内环境的快适感。例如合适的室温、良好的通风、怡人的绿化、适度的采光等等，使人心旷神怡，快适相宜。

3）创造惬意的室内空间的环境

所谓惬意的室内空间环境，是指要满足人的精神要求而言。要使人们在室内工作、生活、休息时感到心情愉快，特别表现为对环境的造型、空间的处理、色彩的搭配等方面，使人们对环境的情调和意境感到中情合意。

室内设计其主要特征表现为设计的空间性。也就是说，从形式上看它是在相对墙面、地面、顶棚的实体艺术设计，而本质上它的目的并不在这里，而是要通过这些手段达到创造理想的空间的目的，即是以实造虚。这种造型设计从宏观上说，我们可以称之为"逆向设计"。像汽车的设计，其外部造型即属正向设计范畴了。

6．室内设计与建筑设计

室内设计是建筑设计的有机组成部分，两者的关系为：建筑设计是室内设计的依据和基础，室内设计是建筑设计的继续和深化。从总体上看，室内设计与建筑设计的概念，在本质上是一致的，是相辅相成的。如果说它们之间有区别的话，那就是建筑设计是设计建筑物的总体和综合关系，而室内设计则是设计建筑内部的具体空间环境。一般地说，在建筑设计的过程中，建筑师对室内时空环境已经有了大体上的构思了；室内设计师则应在了解建筑师原有设计意图的基础上，运用室内设计手段来发展和深化，最后创造出理想的室内时空环境来。

不过，室内设计与建筑设计的这种总体和具体关系，并非意味着室内设计只能消极和被动地适应建筑设计意图。室内设计师完全可以通过巧妙的构思和丰富多彩的高超设计技巧去创造理想的室内时空环境，甚至在室内设计中，利用特殊手段改变原有建筑设计中的缺陷和不足。因此，我们提倡建筑师最好在建筑设计伊始就同室内设计师一起合作，共同探讨建筑和室内设计方案。当然，这是最理想的办法了，不过在实际工程中，却很难做到这一点。因此，最可行的途径还是室内设计师积极主动地与建筑师合作联系，这是目前可取的一种方法。

第四节 环境艺术设计的构成要素与设计原则

1．建筑外部环境设计的构成要素

1）景观的合成与并演：

自然要素——树木、绿地、山岳、江河湖海池以及地形和土地的肌理等；

人工要素——建筑、城池、道路、桥梁、塔等。

2）活动物：行人、车船飞机、生物、机械和风电能等推动物、闪电火光等。

3）建筑和城市设施：建筑、住宅、水塔、道路、桥梁、加油站、换气塔等。
4）节点空间：广场、公园、绿地、交叉路口、水面等。
5）通道空间：道路、江河、地下通道、桥面、铁道等。
6）建筑小品：坐椅、花坛、喷泉、水池、城市雕塑、广告标识、候车廊等。
7）地标：电视发射塔、高层建筑、隧道和地铁入口等。
8）城市鸟瞰。
9）城市夜景。
10）影响要素：时间（季节、气候、时刻等）、日照、地理、水文、社会文化（如城市的精神面貌及素质）和经济等。
11）控制要素：建筑（构筑物）的造型、质感、色彩和空间形态，有历史和社会意义的区域，空间的构成和连续，自然与人造物的谐调，以及城市轮廓、天际线、边缘等。

2．室内环境设计的构成要素

室内环境设计的构成要素包括：合理的空间布局（各功能区域的划分与平面布置）、各界面的整体性（顶棚、各墙体立面的造型设计等）、家具陈设的功能性与装饰性设计、室内绿化小景、室内色彩、室内照明造型六个方面。这些要素是一个有机的统一体，相互关联，不能孤立地进行，只有树立系统的整体的设计观才能设计出功能合理、具有较高艺术品位的作品来。

3．环境设计的原则

1）功能

这里所谈的功能是指人的利用而言，也就是指室内外空间的舒适、安全、方便、经济和卫生等使用上的效能，是人们由低级到高级的发展过程，实际上就是一部不断地由逐渐增多的功能要求而创造出的建筑发展史。例如，现代建筑为了要满足各种各样的复杂功能要求，就产生了各种各样的建筑类型。所以说建筑的功能决定了建筑类型。而组成建筑的细胞就是房间，或者叫"室"。不同功能的要求，规定了不同的室，像教室、居室、办公室、会议室、休息室、阅览室等等。甚至还可以说建筑的整体构成关系和形式都是由不同的"室"之间的关系来决定的。所以，国外建筑界常流行一种"形式追随功能"的建筑设计格言。

就单个房间的室内设计而言，各种必要的安排和布置也必须首先服从人的使用要求，这也就是室内设计的实用功能。实用功能主要包括各房间关系的布置、家具布置、通风设计、采光设计、设备安排、照明设置、绿化布局、交通流线等内容。

外部环境设计同样要满足人们散步、休息、娱乐、认知、绿化等方面的需要。

上述各项均与工程的科学性密切相关，它必须用现代科技的先进成果来最大限度地满足人们的各种物质生活要求，进而提高室内外物质环境的舒适度与效能，换句话说,它们主要是满足人的生理方面对室内外时空环境的要求。

2) 形式

众所周知,人是按照美的规律进行创造的。环境设计是一种创造活动,当然也必须按照美的规律来进行设计,尤其是随着人类精神文明程度的不断提高,审美要求也渗透到各个领域和角落。作为环境设计,除了必须满足人们的物质生活要求外,还必须满足人们的精神生活需求,也就是要为人们提供一个良好的心理环境。例如一般普通居室的层高,如果仅以实用功能来讲,2m的高度已经足够了,然而任何居室也没建成2m的,这主要是人们精神上的、心理上的因素在起作用。在视觉上;房间的高度要适中,而不能有压抑之感。如果反过来,我们把普通居室高度提到8m,房间的比例变成窄而高的形状,则会令人感到空旷。所以,一般居室高度都定在3m左右。这就是说,当我们进行室内空间形式的设计时,除了要考虑实用功能方面的空间尺度的同时,还要考虑到人们精神方面的心理空间尺度。因为人类在生态上一直是保持物质生活与精神生活的平衡协调状态,否则,无论物质或精神生活的哪一方面发生偏颇,都将会导致不良的后果。忽视了物质功能就会降低功效而导致生活质量下降;忽视了精神方面的审美就失去了设计的意义。环境设计中切不可忽视精神环境方面的审美形式的创造,尤其在现代环境设计中,把增强设计的精神品格的认识提高到发挥灵性和提高生命力的高度,把它视为设计的最高目的。因此,两者的关系是以物质功能建设为用,以精神建设为本,并力求发挥有限的物质条件创造出无穷的精神价值。

环境设计主要包括下述内容:

(1) 整体环境气氛的创造;

(2) 室内外空间形态和陈设布置的形态构成;

(3) 各种造型要素的形式关系;

(4) 各种造型要素的质地效果与协调;

(5) 环境的色彩处理;

(6) 室内外环境尺度的数比关系。

3) 技术

环境设计中的技术主要指的是施工技术,包括工具和设备。现代环境设计由于它置身于现代科学技术的背景之下,所以,具有更高的效能,实质环境的舒适度有更大的提高潜力。例如现代材料和技术,几乎可以解决任何施工难题;可以创造出各种精致的质感效果;可以大大地提高施工的效率而缩短工期。又如现代的室内设备可以创造出各种理想的室内小气候环境和便利的生活条件。

技术方面主要包括下述内容:

(1) 电气设备;

(2) 安全设备;

(3) 家具;

(4) 施工技术；
(5) 空气调节设备；
(6) 装修材料；
(7) 通信设备。
4) 设计原则的辩证关系

功能、形式、技术三个方面的关系是辩证地统一在环境设计原则之中的。具体地说功能就是实际的用途系统；形式就是合乎审美理想的美学系统；技术就是合理的构造系统。三者的内容、目的和作用虽各不相同，但却是紧密相关相互影响的。其中功能是居于主导地位的，而且它是三者中最积极活跃因素，是环境设计发展的原动力，失去了它就失去了设计的根据。因为功能本身总是不断发展的，而功能的发展又总是美学和技术因素发展和变化的先导。同时功能的发展又具有自发的特点，即它的发展是绝对的和永恒的，而技术和形式却是受制于功能而相对稳定的。当然它们也不是消极地、被动地受制于功能，往往一种新的空间形式和技术的出现也会反过来积极地促进功能向更新的高度发展。

总之，三者的关系是紧密相关、相互影响的。假如有一个方法能同时完满地解决三个系统的问题那便是最理想的了，然而实际上是做不到的。我们只能先设定一个合理的程序，按部就班地发展，而后再加以周而复始地调节，才能逐步获得理想的方案。一般地说，正常的设计过程是先从实际用途的系统开始，探求合理的功能，然后再根据功能和构造来探求完美的美学形式，最后再综合分析三方面的得失，加以适当的调整，力求方案尽善尽美。

第五节 现代环境设计理念的发展趋势

1．向自然回归

人对于自然环境的认识是一个发展的过程。从把自然当成天敌不断与其抗争，到逐渐地认识、掌握和控制自然为我所用，再发展到为了暂时的、短期效益而无休止地对自然索取，直到自然反过来对人类的掠夺行为给予报复，再到可持续发展理念的提出与深入。

李白："小时不识月，呼作白玉盘。又疑瑶台镜，飞在青云端。"也就是说人对于自然的认识可以是触景生情——寄情于景——以景托情——以情绘景的过程。

2．向历史回归

历史是社会文化的积淀，是物质文化和精神文化的结晶。任何一个民族都会立足于自己的文化传统而向前发展。尤其是对于具有五千余年灿烂文化的中国而言更是如此。况且中华文化的连绵不断更是世界文化史上的奇迹。因此，在设计中注意体现传统文化的精神是环境设计特色的根本出发点。

3．向高科技、深情感发展

所谓高科技就是在设计中如何利用新材料、新工艺以及声、光、电等等。所谓深情感有两层意思，一是设计过程中的"公众参与"，二是"以人为本"，充分考虑到为谁而设计以及使用者的行为与心理。

第二章　环境设计的发展历程

第一节　中国传统的环境设计观的发展

1．中国古代传统建筑与环境的思想基础

中国传统建筑文化源远流长、博大精深，形成了与西方建筑体系迥异的艺术体系。这种艺术体系的思想基础是：

1）"天人合一"、"天人感应"的原始环境观、宗教观和宇宙观

"五行"以及它运动遵循的阴阳之道，是中国哲学的起点。老子哲学认为，道是万物之本，是世界万物永恒的真谛，宇宙运动的根本法则，而其自身始终保持着独立性。"有物混成，先天地生。寂兮寥兮，独立而不改，周行而不殆。"这一观点扩展到对人生的认识，相信自然现象和超自然现象是相互影响的。因此在人天互相作用的意义上，哲学与现实人生之间产生了直接的联系。

在中国，有意识的景观设计来源于长生不老的梦想。据说长生不老的灵药是由仙山上的奇花异草炼制而成的。因此，"海外仙山"的模式是这类人工环境的原则，通常在中央有一个池塘，象征着大海，在池塘中有三个小岛，象征了海外三座仙山（蓬莱、方丈和瀛洲）。这种布局是中国园林最早期的也是最基本的模式。

2）崇天祭祖与礼制思想决定了人与建筑的关系及形式

从根本上来讲，孔子的儒家思想就是关于齐家治国平天下，在混乱中建立秩序的理论，表达了一种对待人生的积极态度。儒家信奉人类的命运掌握在天的手中，而天与地的和谐建立在一种与人类社会生活平行的完美秩序之上。在这里，"天"是一个模糊的概念，它可以被看成一切力量的源泉，一种自然力，但同时又与我们的生活有着密切的联系。这种礼制与秩序对中国的建筑与城市布局等有着深远的影响，从而使得"筑城造廓以卫君守民"成为城市的基本功能。

2．中国古典园林的环境观与艺术特色

中国古典园林是我国传统文化宝库中的一朵奇葩，是世界三大园林体系之一。

中国古典园林是古代人认识自然、在生活中再现自然的空间艺术。是在方正的庭院内布置了灵活自由的景观，创造了"诗情画意"的居住环境，把人的感情、园林空间的景物融合起来。中国古代园林艺术一般具有以下几个特点：

1）讲求自然

在汉语中，"自"表示起点、自我、确定性，"然"表示同意、肯定。在此意义上，"自然"一词暗示了世界的运行遵循其独立的变化规律。任何表现出天性的艺术，都包含了这一自然的概念和确定性的意味。反之，任何不遵循"人法地，地法天，天法道，道法自然"之规律的造物都是品性极低下的。

作为"道法自然"这一原理的补充，返璞归真的思想为文人雅士追求虚极静笃的境界提供了具体的途径，使他们得以逃避世俗生活的喧嚣，找到自我和通向"道"的真谛之路，在自然中寄托他们丰富的情感。源于自然，高于自然，是中国古代园林的基本特征，也是基本的原则。要求做到"虽由人作，宛如天开"的境地。

2）追求"意境"是中国古典园林的又一特征

意境是我国传统艺术中的最高成就。关于意境的内涵宗白华先生认为："以宇宙人生的具体为对象，赏玩它的色相、秩序、节奏、和谐，借以窥见自我的最深心灵的反映；化实景而为虚景，创形象以为象征，使人类最高的心灵具体化、肉身化，这就是'艺术境界'。"在一个艺术表现里情景交融互渗，因而发掘出最深的情，同时也透入了最深的景，一层比一层更晶莹的景；景中全是情，情具像而为景；因而，涌现了一个独特的宇宙、崭新的意象，为人类增加了丰富的想像，替世界开辟了新境"。

所谓"外师造化，中得心源"，一直是中国画、园林艺术共同的创作原则，是创意的重要条件。这种思想主要受古代自然美学的影响，主要是儒家和老子、庄子思想的影响。孔子曾提出"知者乐水，仁者乐山，知者动，仁者静"，用自然山水来比拟人的性格，是一种移情。孔子认为自然之美在于"比德"，如，松、竹、梅"岁寒三友"的象征性等。所谓"一拳则太华千寻"、"一勺则江湖万里"妙在"似与不似"之间，重要的是借肋作品所使用的客观材料表达和唤起情感的共鸣与联想。

中国古代园林通过空间组合、比例、尺度、色彩等手法的运用形成鲜明的艺术形象，创造灵活的空间，引起人们产生联想、共鸣而构成意境。而廊、曲径、墙的引导，结合楼、阁、亭、轩、窗和自然山水的组织使空间丰富而有变化，妙趣横生。

追求建筑美与自然美的融糅。中国古典园林的建筑无论多寡，也无论其性质、功能如何，都力求与山、水、花木这三个造园要素有机地组织在一系列风景画中。强调建筑内部空间与外部空间的交流与沟通。宗白桦先生对此在《中国美学史中重要问题的初步探索》一文中有精辟的论述：

"…这里表现着美感的民族特点。古希腊人对于庙宇四周的自然风景似乎还没有发现。他们多半把建筑本身孤立起来欣赏。古代中国人就不同。他们总要通过建筑物，通过门窗，接触外面的大自然界。'窗含西岭千秋雪，门泊东吴万里船'（杜甫）。诗人从一个小房间通到千秋之雪、万里之船，也就是从一门一窗体会到无限的空间、时间。这样的诗句多得很，像'凿翠开户牖'（杜甫），'山川俯绣户，日月近雕梁'（杜甫），'山翠万重当槛出，水光千里抱城来'（许浑），都是小中见大，从小空间到大空间，丰富了美的感受。"

3）中国古代园林的诗与画

中国古代园林是一门综合艺术，不仅利用山水组织景色，还利用诗与书、画相结合而产生更为深远的意境，有画龙点睛之妙。如：苏州的拙政园内有两处赏荷花的地方，一处建筑物上的匾题为"远香堂"，另一处为"听留馆"。前者得之于周敦颐咏莲的"香远溢清"句，后者出自李商隐"留得残荷听雨声"的诗意。一样的景物由于匾题的不同却给人以两般的感受，物境虽同而意境则殊。

4）中国古典园林的空间艺术特征

自由灵活的空间布局："相地合宜，构园得体"、"巧于因借，精在体宜"。如，承德避暑山庄借自然山体、地形而划分宫殿区、湖泊区、平原区和山岭区。

空间的对比"先藏后露，欲扬先抑"，通过空间的大小、开合、明暗、高低等手法。如，留园的入口空间。

渗透和层次：主要通过空间的分隔与联系，如墙、廊、漏窗、借景等（图2-1）。

藏与露：中国园林讲求含蓄，避免开门见山，一览无余，往往是藏起来，然后通过种种暗示和引导，不知不觉地把景展现在面前。

空间的组织和引导：通过行走路线把不同景组成连续景观序列，形成静观与动观相得益彰（图2-2）。

在传统的中国园林中几个重要的构成要素是：山、水、植物和建筑。人类的存在渗透到山、水、树、石的存在之中，并且通过对环境优化，表达出自己的情感和智慧。在山水画理论中，石（或山）被认为是云的根脉所在，维系天与地。无论是放置在厅堂之前，还是窗下水边，它的作用是在自然与人工因素之间构成空间上的联系。作为一种垂直方向的构成元素，它引导向上的视野，并丰富了园林中的光影变

图2-1　苏州留园一角

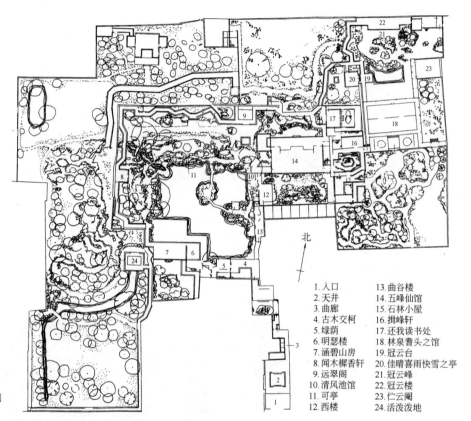

图2-2 苏州留园平面图

1. 入口
2. 天井
3. 曲廊
4. 古木交柯
5. 绿荫
6. 明瑟楼
7. 涵碧山房
8. 闻木樨香轩
9. 远翠阁
10. 清风池馆
11. 可亭
12. 西楼
13. 曲谷楼
14. 五峰仙馆
15. 石林小屋
16. 揖峰轩
17. 还我读书处
18. 林泉耆头之馆
19. 冠云台
20. 佳晴喜雨快雪之亭
21. 冠云峰
22. 冠云楼
23. 伫云阉
24. 活泼泼地

化效果;作为屏障,它又起到了分隔空间的作用;作为独立的物象,它是抽象的雕塑,形式与肌理和变化吸引着人们的目光。依据同样的原理,在中国园林中反复出现的其他自然物,如流水、树木、游鱼、花草,也起到了同样的作用。人的生命是有限的,一切事物都是暂时的,只有宇宙是永恒的,因而寄情于山水之间,在山水与人之间寻求内在的精神联系是获得生命的愉悦与慰藉的途径,这也成为了人们,尤其是文人们情感的归宿。

中国古典园林中众多的建筑物倒是起因于儒家思想的影响。使用这些园林的士大夫及其家庭对空间的秩序有着很高的要求,即使在园林中他们也不能放弃对社会情感的依赖,这种社会情感导致了园林是建筑设计而不是景观设计。在园林的设计中反映了对社会意义、等级秩序和礼法观念的理解。在此意义上,儒家思想为园林设计行为提供了一个完全理性的理论基础。

3. 中国古代城市建设的环境观及其特征

1) 中国古代城市的特征

"城",《说文解字》:"城,以盛民也。"是一土围墙的容器。城在古代也称为"国",

繁体从口从或，即土围墙内的区域。"国"的本义是指都城。

中国古代都城的主要文化功能是作为军事、政治"机器"而运行的。《易传》解释《周易》坎卦时说"王公设险，以守其国。险之时用大矣哉。"

《吴越春秋》"筑城以卫君，造郭以居人，此城郭之始也。"河南郑州商代古城遗址距今约3500年，面积近25km²，是当时的政治、军事中心。河南淮阳台和登封王城岗遗址距今约4000余年，是目前发现的最早的城址。

这种政治、军事堡垒一方面是强有力的，它有效地管统全城及郊野，它是乡野的宗主；另一方面，由于城市主要不是一个生产的"容器"，而是一个消费的"容器"，它在经济上不得不依赖于乡村郊野，是自给自足经济的产物。这种政治、军事上的巨人与经济上的侏儒是中国古代一般城市的典型东方特色。也因此在城市中最辉煌的建筑是宫殿与城墙建筑，所谓"非壮丽无以威加于海内"。而市则被放在不显眼的城市后部，即"前朝后市"。因此这种城市文化的思想基础决定了中国古代城市的功能布局特色。

城市的建筑、道路、水系、桥梁以及园林景观与自然人文因素结成一体形成动态的城市平面与立体形象。

中国古代城市的平面形态，半坡遗址居住区大体上呈不规则的圆形，中间是大房子，四周排列房子；居住区的周围是一条宽、深各5m、6m的防御沟，沟北有公共墓地，东边是陶场。这种原始的建筑平面意识中尚无成熟意义上的哲学、美学与科学的圆形与方形意识。

在中国古代，方形城市空间布局比比皆是，如唐长安城、明清北京城。这种对方形平面的追求既有"天圆地方"的宇宙观念的影响，也有儒家礼制规矩与军事的因素，更直接的技术上的制约是建筑材料、技术条件所决定。如，树木的直线形式、梁架结构的特点、夯筑城墙工艺的制约，这在建城的工程技术观点来看是经济的。

"天圆地方"实质上是中国古人对宇宙万物空间形态的基本感知，它作为一种总体上的文化观，形成了一种对宇宙万物抽象化的基本看法，方形成为人类居住空间的理想模式。它从深层次的文化意识上奠定了中国方形城市的理想形态。

在哲学上，中轴线的产生与"折中"、"中庸"的思想有关，体现了中国人顽强的宇宙平衡意识，同时也是政治伦理封建等级制度与人伦关系的象征，居天下之中者，帝王也，故以城市布局象征之。

2）里坊制对中国古代城市环境结构的影响

"里"是居住、居所的意思。中国古代把全城分成若干个封闭的里，商业则在"市"中进行，并都用墙围起来，设里门与市门，由吏卒和市令管理，全城实行宵禁。宫殿则在内城与宫城，一般城市有三道城墙。

里坊制的极盛期相当于三国至唐。从春秋到唐不到1000年，唐长安是其典范。里坊是居住单位也是行政单位，是管理百姓的一种方式。

随着城市经济的发展，到北宋时里坊制开始瓦解，出现了"十里长街市井连"、"夜市千灯照碧云"的景象，以保甲街巷制取代了里坊制。

但是在中国古代社会中以宗族血缘关系确立的大大小小的家族，并没有随里坊制的削弱而消失。中国古代社会在实质上是宗族社会，因此，社会的等级是按权力来划分的，自上而下形成了一套严格的等级制度。反映在城市空间结构上就是不同等级的都城、州府、县城有着不同的规模等级，甚至城市内部也有明确的区域划分，作为家庭住宅的规模大小也有严格划分。这样，就形成了金字塔形的结构体系。从城镇布局到住所，都形成了一种大院套小院的同构现象。社会的家关系演变为国，国源于家，家与国不分，家、国一体。

3）中国古代的自然环境观——城市"风水"

城市的选址历代开国之君都要亲派大臣携"阴阳"先生去勘察地形与水文，即"相土尝水"。如，汉高祖刘邦定都长安就是由萧何亲自主持的。

古代的风水术中有其合理的文化因素，是一种带迷信色彩的城市环境与生态学。江河被称为"水脉"，是解决城市用水的问题，山被称为龙脉，有改变小气候与用材的功能。

城市以山水相依，山之南为阴，水之北为阳，所谓"负阴而抱阳"。如，洛阳、南阳、信阳、安阳等。南京、北京、长安等都是好风水的帝都。

4）中国古代庭院的环境特征

庭院就是墙垣围合的堂下空间。周围建筑以庭院为中心展开，形成封闭的私密空间。这正是中国古代人的"内向"的思维方式所为。

北方的四合院是典型的代表。在这个空间中，家长具有绝对的权威，如同一国之君。这从住房的朝向与使用关系上就可以反映出来。

四合院，有正房（阳气足）、东西厢房、倒座和北房，门开于东南。正房为长辈，东房为子，西房为女子，南房为男仆，北房为女仆居住。

四合院除了体现礼制尊卑外，还与北方多风沙有关。四合院有两进、三进等，构成空间的序列，不同的院落的门的高度、开间与装饰是不同的。装饰的题材以莲（连）年有鱼（余）、"蝙蝠"（遍福）等吉祥、富贵的图案（图2-3、图2-4）。

图2-3 浙江廿八都民居门头装饰

图2-4 嘉峪关四合院

第二节　外国古代的环境设计观的发展

1. 古代埃及的环境设计观

1）埃及人的信仰是多元的，所信奉之神不计其数。太阳神——拉（RA）是最主要的神，它创造了尼罗河，从东向西的运动象征着生命、死亡乃至复活的过程。法老被视为太阳神之子，一个神化了的人。埃及人追求一种非现实的永恒人生，对于自然事物的原因并不深究，他们所取得的大量的数学成就来自于他们的经验而不是推理。由于自然现象的规律性，经济上的稳定和国家安全的相对保障，使埃及人能有机会思考未来，他们不但正视现实世界，而且把将来想像为现在的延伸以至未来的永恒。在他们的心目中，法老象征着永恒的生命与现实的灵魂之间的精神纽带，人们创造了伟大的纪念性建筑物，以体现现实世界与未来世界之间的思想和永恒的意念。

2）对于埃及人来说，审美是视觉的，而不是实用的。日光比夜空更重要。瞬息变换的光影处处都能感受到。纪念性建筑物的形象是受了山体，特别是那些不朽的花岗岩石崖的形象的启示。因此，神庙、陵墓和纪念碑的尺度是超凡的，以便体现精神超越于现实生命。

古代埃及最辉煌的建筑成就就是金字塔和神庙。在茫茫的沙海中也只有像山岳一样挺立的金字塔才能够显示人的力量和存在，而神庙那高达20.4m，直径超过3.57m庞大的柱子阵列则达到了与金字塔同样的目的,都象征着一种永恒的精神(图2-5)。

图2-5　埃及阿蒙神庙的柱厅

2. 古希腊的环境设计观

1）在古代世界的所有民族中，其文化最能鲜明地反映出西方精神的楷模是希腊。希腊人赞美说，人是宇宙间最伟大的创造物，他们不肯屈从祭祀或暴君的指令，甚至拒绝在他们的神面前低声下气。希腊人的世界观基本上是非宗教性和理性主义的，他们赞扬自由探究的精神，使知识高于信仰。在很大程度上由于这些原因，他们将自己的建筑与环境设计文化发展到了古代世界必然要达到的最高阶段。

2）希腊人尽管从美索不达米亚人那里继承了众神的观念,然而随着思想的发展却逐渐淡化了这种宗教意识。希腊人总是期望和追求着完美，而完美则反映在恒定而永恒的数学原则上。希腊庙宇就是一种以空间秩序的意识去寻求比例、安全和平静的典型，它是整体的大宇宙观的微缩。除僧侣外，庙宇是供人观赏而不讲求其实用价值的。无论其周围的景观是优美的还是平淡的，希腊建筑不是去控制景观而是去与风景联系或协调。它启示了后来的理性主义规划，导致了罗马帝国的非常现实主义的设计思想和相应的物质建设成就。

帕提侬神庙全部用白色大理石构成，如同一尊雕塑，它的每一个局部在视觉上都很讲究，远近视距、视差和太阳的光影都在细部设计的考虑之中。这些不仅是出于技术上的考虑，同时也反映了希腊人的观念，特别是反映了他们的美学思想。虽说希腊人采用的是一般的方盒子，但是，他们通过对于几何比例的刻意追求，将一个普通的方盒子升华到了完美的地步，实现了柏拉图的基本美学思想。建筑物的美学力量在这些建筑的底下，是那些巨大的山岩支撑了这些建筑使之耸入云霄，这些青色和赭石色的山岩同其上方的大理石建筑形成鲜明的对照；这些山岩参差不齐的轮廓线，即使其顶部筑有陡峭的高墙，也同神庙建筑物的几何体形成对照。即使在夜晚的月光下，面对雅典卫城，也是一种宗教般的体验，其效果胜过任何刻意的安排。

3. 古罗马的环境与空间追求

古罗马人持有一种去控制自然景观的设计意念，罗马的象征就是在地图上笔直划过的道路。罗马人的建筑艺术原理来自于希腊，但是，罗马人在建筑形式的综合处理上，在城市外部空间的组织上比希腊人走得更远，也更深入。

罗马人发明了拱券技术,更强调墙体以及为满足一定功能需求在墙上所做的开启。这也正是建筑设计保持一定节奏和比例关系的基础。

罗马人在企图控制自然的同时也表达了对自然的感情，在这种感情中神性是根本的。当然也有对自然亲近的一面。罗马万神庙巨大的内部空间（穹顶的直径43m，高度也是43m）充分体现了宗教的神秘色彩，而大浴室的内外空间以及王公贵族的宅第别墅则通过绿棚、回廊等的过渡，与自然实现互相渗透。喷泉、水池、经过修剪的树木等既把建筑趣味带到园林和自然中去，也把园林和自然趣味带进建筑物里来。当然，也利用壁画把自然的气息延续到室内（图2-6）。

在罗马帝国时期广场已成为皇帝们为个人树碑立传的纪念场地，皇帝的雕像开始位于广场的中心。广场采用规则的方形、直线形、半圆形的空间组成，建筑物规整地分布在基地外侧，有强烈的中轴线，如图拉真广场等。

4. 欧洲中世纪的环境观

对于欧洲中世纪文化,建筑及环境具有深远影响的是中世纪的基督教修道院制度。修道院制度不仅具有一种独特的宗教功能，因为它促成了与大众化教会有别的精英式的僧侣教团的形成，对中世纪的文化有着重要的影响。

基督教的信念与表达是与现实的古典的宁静和罗马人对土地的立场相对立的。除了那些建有城堡的地方外，其他地方以指向天空的塔楼和教堂的尖顶作为城镇与村庄视觉上的标志。人们在精神方面受到宗教的强烈约束和压抑，失去了精神的自由;但表现在对环境空间的认识上则希望建筑的形态能够丰富人的视线,甚至通过建筑表现人们热爱生活的理想。人们并不想将自己的个性强加在自然景观之上,而是期望自己像森林一样有机地成长于大地,成为景观的一个组成部分。巴黎圣母院和德国的科隆教堂等是哥特式的尖券建筑代表,它反映了一种精神的召唤作用与工匠们的狂热精神。

中世纪人们生活的空间是封闭的,人们对于花卉的认识还是使用的目的多于观赏性。修道院的庭院被种植了大量的花卉,这些花卉被用来装饰祭坛和神龛,或者用来制作戴在头上的花冠、花圈以及身上的花环等等。另一方面还注重花卉的药用价值,如玫瑰、百合、紫花地丁等。这一时期喷泉和浴池也开始成为庭院中的重要装饰物和景观元素(图2-7)。

中世纪的城市环境也是封闭的,只有市中心的教堂广场,是市民集会和进行各种娱乐活动的地方。广场的空间封闭、不规则,城市道路也以教堂为中心放射出去,并形成环路。如,锡耶纳城的坎波广场。

5. 现实生活的场所——意大利文艺复兴时期的环境观

意大利文艺复兴时期文化与中世纪的一个重要区别在于,它唤起了人们自主的创造精神。这个时期的艺术精神就是尊重人性,表现世俗生活的欢愉,即人文主义开始得到复苏和发展。这是一个变化的时期,同时也是一个创造的时代。艺术家与设计师地位的确立,使得艺术与设计成为某种完全不同于纯手工艺的事物。

图2-6 万神庙内景

图2-7 水浴池

以米开朗琪罗等为代表的一代艺术大师开创了集艺术、科学与工艺于一身的巨匠时代。新兴的资产阶级要用崭新的建筑为自己的荣耀建立永恒的丰碑,建筑师忙着从古希腊的建筑样式中寻求新的灵感。从前只关心内在世界的人们现在已经开始关注外部的物质世界,以寻求现实的利益。在设计表达上更注重内外空间的联系,以利于观赏郊外的风光,而不再仅仅是古典壁画中的场景,这已变成了设计内容中的一个不可缺少的部分。其基本目的是去创造那些能满足人们对于秩序、静寂与启迪的渴望以及对人的尊严和地位的认同。其表现就是大量的郊区别墅庭园的出现。

在庭院设计中着重表现一种理性的人的意志与创造力。建筑大师阿尔伯蒂(1404～1472年)在他的《论建筑》(De Architectura)一书中认为庭院的空间形态应是:在方形的庭园中,用直线划分几个区域并种上草坪;树木要呈1列或3列的直线形态;用植物来组合成凉亭并在道路两边点缀石制或陶制的花瓶;在祈祷堂附近设迷园等。

文艺复兴时期建造了许多反映面向生活的新精神和有重要历史价值的广场,在空间形式上也很开敞。如罗马市政广场、威尼斯的圣马可广场等。

威尼斯的圣马可广场是欧洲最美的广场之一,广场长宽大约成2:1的比例,塔高与西入口成1:1.4的比例。广场在满足人们视觉艺术方面有着巨大的成就,主广场和靠海的小广场都采用梯形,长175m,东边宽90m,西边宽56m。这种封闭式梯形广场在透视上能够有很好的艺术效果。高耸的钟塔则是城市的标志和人们视线的焦点,人们从西面入口进入广场时,增加开阔宏伟的印象,从教堂向西面入口观看时,增加更深远的感觉。主教堂是拜占庭式的建筑,巨大的发券让人感受到中世纪建筑的美,周围建筑底层全采用外廊式的做法,并以发券为基本母题,均以水平划分,形成单纯安定的背景,也使广场上的建筑物协调统一。

6. 法国古典主义与君权专制时期的环境观

古典主义是17世纪和18世纪前半期流行于欧洲君主专制时期的一种文艺思潮或文艺流派。在艺术创作实践和文艺理论上,把古希腊罗马时代的文艺视为必须仿效的崇高典范,从中吸取题材、情节、形象和创作经验,并赋予它们新的历史内容。

17世纪当时把绝对君权专制说成是普遍而永恒的理性的体现,在宫廷中提倡象征中央集权的有组织、有秩序的古典文化。在建筑上推崇意大利文艺复兴盛期的建筑风格,主要是遵循传统的柱式,强调中轴对称,分清主次,突出中心,采用规则的几何形体,立面强调统一和稳定。

最能体现这一时期人与环境空间关系与审美理想的代表作品就是法国凡尔赛宫苑。它始建于1644～1665年,续建于1688年,法兰西王国波旁王朝,路易十四时期勒诺特尔等设计,路易十四建造。它是世界最大的宫苑,纵轴线长3km,园内的道路、树木、水池、亭台、花圃、喷泉等均呈几何形。它不仅是法国古典园林的杰出代表，也是西方几何规则式园林发展到辉煌顶点的代表。它不仅是一座巨大的宫殿，同时也是一种政治思想的体现。它的花园是将大自然置于精神之下的意志的表现，那是一个广阔的、强调透视的、均匀和谐的整体，树木和水面组成了一个与建筑物密切配合的舞台。无论是建筑还是道路和花园树木，在空间上都按照理性的几何的人工的意志进行设计。其环境观念就是自然服从理性秩序（图2—8）。

影响这一时期环境观念产生的哲学和美学思想主要是以笛卡儿（Rene Descartes）为代表的维理论：认为客观世界是可以认识的，几何学和数学就是无所不包、一成不变的、适用于一切知识领域的理性方法。笛卡儿认为，应当制定一些牢靠的、系统的、能够严格地确定艺术规则和标准。它们是理性的，完全不依赖于经验、感觉、习惯和口味。艺术中重要的是：结构要像数学一样清晰和明确，要合乎逻辑。他反对艺术创作中的想像力，不承认自然是艺术创作的对象。

在这种社会意识的支配下，人们的环境观自然会建立在"唯理"的基础上。同时在君权专制时期的政治背景，这种思想得到了肥沃的土壤。为了颂扬古罗马之后最强大的专制体制，其艺术规则和标准就是纯粹的几何结构和数学关系。他们用以几何和数学为基础和理性判断完全替代直接的感性的审美经验，不信任眼睛的审美能力，而依靠两脚规来判断美，用数字来计算美，力图从中找出最美的线型和比例，并企图用数学公式表现出来。所谓著名的"黄金分割规律"就是这一时期研究的产物。

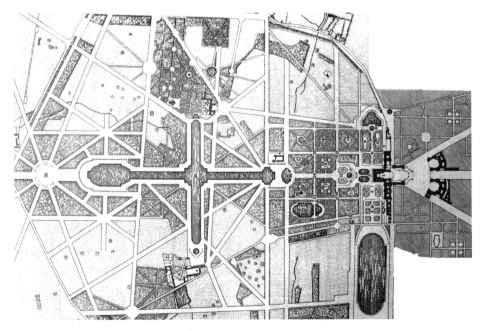

图2—8 法国凡尔赛宫苑总平面

7. 英国自然式园林

18世纪以后由于英国资本主义的胜利，人们开始重新评价人和环境之间的关系，认为人和自然、人与社会应该是平等的。在园林中反对在园林建筑中使用生硬的直线图形、雕塑和人工修剪树木，否定了唯美主义的园林，而接受了富有想像力的中国古典园林的风格。

1772年，威廉·钱伯斯著《东方园林论》着重介绍了中国造园艺术，并极力提倡在英国风景式园林中吸取中国趣味的创作。

这一时期的造园家雷普顿1795年出版了名著《造园绘画入门》(Sketches and Hints on Landscape Gardening)提出了造园的四条法则：①庭园在展示自然美的同时还要掩盖自然的缺陷；②将境界伪装起来，赋予庭园广阔和自由的外观；③除了能改善风景、并为整体造成自然作品外观的东西之外，一切有碍艺术之物——无论它们多昂贵——都必须尽力隐蔽起来；④凡不具有装饰作用或不能构成整个风景的一部分的东西——不论其多么舒适宜人——都应将它们隐蔽起来。从上述法则中可见，雷普顿是将自然美作为造园方针基准的，一方面重视这样的自然美，另一方面又注重实用。

第三章 环境与空间

第一节 空间属性

要准确阐述空间的定义是困难的,不同学科的学者从不同的角度对空间有着各自的阐述。空间是人对客体的一种认识或者说范围的界定,大到宇宙小到原子、中子结构等等。对于环境艺术设计而言,空间可以有自然空间和人工构筑的空间。随着人对于事物认识的发展和人对空间的感知可以有许多的空间分类方法。20世纪后半叶,日本学者芦原义信的建筑外部空间理论对环境艺术设计产生了重要的影响,提出了"积极空间和消极空间"的概念,得到了大家的认可。

就建筑空间而言,从文化的角度来看应该是多元的、内涵丰富的,涉及社会学、哲学、伦理学以及地域的、时代的、民族的等各个方面。简单地说可以将建筑空间分为内部空间和外部空间。建筑的墙体、屋顶围合形成了供人使用的室内空间;房屋之间的空间、院子、街道、广场和其他相类似的环境构成了人们活动的室外空间。

建筑空间有时比用来围合它的物体本身还重要。老子说:"埏埴以为器,当其无,有器之用。凿户牖以为室,当其无,有室之用。故有之为利,无之为用。"说的就是这个道理。

1．空间的物质属性

1) 空间的可遮蔽性

人们围合空间的目的,最初是在原始的自然环境中创造出满足机体生存的安全区域,以对付各种自然力量、敌人、野兽的侵袭与破坏。在基本安全得到解决的前提下,气候便成为影响空间形式的主要因素,比如,湿热地区不仅需要遮荫而且需要大量的通风,因此空间通透,覆盖深远;干热地区需要阴凉,故而窗户较少,空间阴暗;寒冷地区需要阳光和保暖,所以南窗较大,北向封闭。空间的形式反映着自然地理环境的影响。

2) 物质活动的需要

生产、交易、教育、交通和集会等若干活动的发生都需要相应的空间来容纳,满足物质活动的需要也是空间存在的重要功能之一。

2．空间的精神属性

1) 空间形式的审美要求

空间在满足人们的使用功能的同时还要满足审美需求。空间是按照人们的审美要求设计出来的,它并非是对于实质功能的简单安排。一些没有任何实际用途的建筑空间往往能给人以动人的感受,那些具备相同使用功能的建筑空间其趣味性也会有很大的差异。人们可以在室内、街道、广场、里弄、公园和大地景物等任何一个空间，体验到兴奋、愉悦、轻松。中国传统园林空间和建筑内外空间相互交融，彼此渗透，浑然一体，给人以美的享受。(图 3-1)。

2）心理与行为对空间划分的要求

对空间的领域性和私密性的需要是空间划分的另外一个原因。由围合构成的空间使人产生向心、内聚的心理感受。我国北方传统的四合院落空间就是典型的用建筑物围合而成的内向性空间，这种空间有很强的私密性和亲切感（图 3-2）。在山

图 3-1　杭州花圃中园林景观

图 3-2　北京的四合院

西丁村某明代民居中,通往绣楼的楼梯并不接地(距地约1m高),需要时可将木梯挪过来,这段不接地的楼梯便划分和标记垂直方向上的私密空间。而由实体占领构成的空间使人产生扩散、外射的心理感受。我国传统的寺庙建筑中的"塔"多建在山体的顶端或高地上,这样它就可以扩大其辐射力的范围,成为一种标志性建筑(图3-3)。

图3-3 绍兴塔山上的应天塔是绍兴的标志性景观

当然,几个占领性的实体相互间如具有适当的尺度关系,也可以在各占领空间之间形成一种张力,它们可以共同限定一个空间。

3) 社会经济与文化因素对空间的影响

社会经济与文化的不同,人们对空间的要求也会有所不同。即使在同一时期,不同的社会阶层对美的认识不同,空间的形式也不同。例如,在我国封建社会时期,作为院落的后院,被划分为内眷的空间,属于家庭的隐私场所,外人是不得随便出入的,因此后院往往多是封闭的空间性质。

3. 空间的构成方法

从空间的构成角度来看空间基本上是由以下几种方式构成的:

1) 质感

在地面,依赖不同的材料铺设,将需要的那部分场地从背景中标记出来,这是限定空间的最直接简便的办法,城市广场的划分经常采用这种办法。

2) 高差

如果欲加强限定空间的程度,可以将其升起或凹下,制造高差使其在边缘产生垂直面,以加强空间与四周地面的区分感(图3-4)。

3) 设立

通过设立的办法，即在上述的空间四角立起柱子，也可以加强空间的限定程度。在意大利威尼斯圣马可广场上，以海为背景的两根花岗石柱、狮子柱和圣台奥道尔柱，大大地收敛了庇阿塞塔广场的外部空间。

4）围合

垂直面的使用是空间围合的常用手法，它比设立有更强的空间分隔感。当垂直面的高度及腰部时，它隔而不断，使空间既分又连；当垂直面超过身高时，它遮挡了视线和空间的连续性，使空间完全隔断（图3-5、图3-6）。

图3-4　将周围的界面升起，制造高差使其在边缘产生垂直面，加强了空间与四周地面的区分感

图3-5　绿篱的高度及腰部，它隔而不断，使空间既分又连

图3-6　树篱的高度超过身高，它遮挡了视线和空间的连续性，使空间完全隔断

5）实体占领

当设立和垂直面的高度在2.5m以上时就存在实体构筑物的占领。实体占领尺度越大，空间的辐射面越广。如上海的东方明珠电视塔、巴黎的埃菲尔铁塔都成了这个城市的标志性建筑。

6）覆盖

当把架起改为平行于地面的平面时，它便成为覆盖。覆盖在垂直方向上划分空间。

第二节　室内空间设计基础

1．室内空间的类型

室内空间的类型也是随着人们使用功能的需要而不断发展的。从室内空间的使用方面来讲可以分为固定空间和随机可变空间。室内固定空间是在建筑房屋时由墙、顶、地围合而成的，是室内的主要空间。在室内利用隔断、家具、绿化、水体等把空间再次划分成不同的空间，具有灵活的机动性，便成为随机可变空间或者次空间。

室内空间依据不同的分类方法可以有很多种类。如依据空间的开合特征可以分为封闭空间和开敞空间两大类；依据空间的使用的特征可以分为私密空间和公共空间（共享空间）两大类；依据空间中人流特征可以分为静态空间、动态空间（流动空间）等等。

1）开敞空间

开敞空间的开敞度取决于界面的围合程度和开洞的大小以及启闭的控制能力等。开敞空间一般是作为室内和室外的过渡空间，有一定的流动性和很高的趣味性。开敞空间又可以分为外开敞式空间和内开敞式空间。

（1）外开敞式空间　这类空间的特点是空间的侧界面有一面或几面与外部空间渗透。利用玻璃天窗同样也可以形成外开敞式的效果。

（2）内开敞式空间　这类空间的特点是在围合空间的内部形成内庭院，然后使内庭院的空间与四周的空间相互渗透。这个内庭院可以加玻璃顶，也可以不加。

2）封闭空间

用限定性比较高的围护实体界面包围起来的，无论是视觉、听觉、小气候等都有很强隔离性的空间称为封闭空间。这类空间具有很强的安全感、私密性和区域感。

3）流动空间

流动空间是指若干个空间是相互连通的，人可以在其中流动，随着人们视线的移动可以不断变化视觉效果，产生不同的心理感受。因此，流动空间具有生动的、积极的、富有活力的因素，具有明确的方位诱导性。应尽量避免孤立静止的空间体量组合，主要空间分隔要有灵活性和围透关系。

2. 单一的建筑内部空间特性

单一的内部空间是构成建筑的最基本的单位，对其进行分析研究，掌握空间的基本特性对于环境与空间的功能分析与设计有着重要的帮助。

1）空间的体量与尺度

室内空间的体量大小主要是根据房间的功能使用要求确定的，室内空间的尺度感应与房间的功能性质相一致。

比如住宅里的居室，过大的空间就难以造成亲切和宁静的气氛。对于公共活动来说，过小或过低的空间都会使人感到局促或压抑，这样的尺度会有损于它的公共性。出于功能的要求，公共活动空间一般都有较大的面积和高度。室内空间的高度，可以从两方面来看：一是绝对高度——也就是实际层高，如果尺寸选择得过低就会让人觉得压抑，过高了就会使人感到不亲切；另外一个是相对高度——不单纯着眼于绝对尺寸，要联系到空间的平面面积来考虑，同样高的两个空间，面积大的空间会显得低矮。另外，如果高度和面积保持适当的比例，则可以使地面和顶棚显示出相互吸引的一种关系，利用这种关系就可以造成一种亲和的感觉。但如果超出了某种限度，这种亲和也就不存在了。所以设计中要把握恰当的尺度，创造出良好的空间效果。

2）空间的形状与比例

不同形状的空间会给人不同的感受，在选择空间形状时必须把功能使用要求与精神感受方面的要求统一。最常见的室内空间一般呈矩形平面的长方体，因为直线是人比较容易接受的，使用起来也较为方便，家具也易于布置，所以矩形的空间在实际中得到广泛应用。

不同形状的空间还可以影响人的情绪。比如一个窄而且高的空间，因为竖向的方向性比较强烈，就会让人产生向上的感觉，甚至可以激发人们产生兴奋或激昂的情绪；细而长的空间，可以使人产生深远的感觉，这样的空间形状可以诱导人们怀着一种期待和寻求的情绪，空间越细长，期待和寻求的情绪越强烈，加上顶棚和铺地灯具的共同作用，更加强了这种延伸感。矩形空间在实际中得到广泛的应用，但过多的矩形空间也会产生单调感，因此一些建筑常采用其他几何形状的平面，从而带来一些变化，配以不同的屋顶形式，产生不同的空间感受。比如椭圆形的空间使人的视觉上产生延伸的感觉，同时也有内聚和收敛的感觉；圆形平面空间，一般给人向心内聚和收敛的感觉，图3-7采用了"伞"的形式，整个空间像是被一把巨伞所覆盖；还有中央高四周低的顶，也有同样的作用，不仅有内聚的感觉，还有种向上的感觉；四周高中央低的屋顶，具有离心扩散和向外延伸的感觉。有很多餐饮建筑在顶棚采用幔布的形式，就形成了中间低、两边高的空间；曲线形的空间给人导向的作用，因为曲线本身就具有引导作用，因为看不见尽头，人就有种希望顺沿着曲线往下走看个究竟的心理，所以曲线性的空间具有一种导向性。图3-8中的曲墙和列柱共同构成了一个曲线形的交通空间,同时墙面通过花格窗的装饰,使人在行进的过程中增加了些趣味性。

图 3-7 圆形空间

图 3-8 曲线形的空间给人导向的作用

3) 空间的围透关系

空间是围还是透,将会影响到人们的精神感受和情绪。只围不透的空间会让人感到憋闷,但只透不围尽管开敞,内部空间的特征却不强,也难以满足应有的使用功能。空间的围和透是相辅相成的,在环境空间设计时要把握围与透的度,根据具体使用性质来确定是围是透。

围和透的处理和朝向的关系十分密切。对于北半球的人而言,凡是朝南的一面,就应当争取透,反之,则以围的方式处理。

凡是实的墙面,都因遮挡视线而产生阻塞感,凡是透空的部分都因视线可以穿透而吸引人的注意力,利用这个特点,通过围透关系的处理可以有意识的把人的注意力吸引到某个确定的方向。通过落地玻璃窗使空间通透,并且把人的注意力吸引到窗外的竹林里;连续的水平窗使人视野舒展开阔,室外景致尽收眼底,人在行进的过程中,视线没有间断,有很好的景观连续性。

有些建筑为了造成封闭神秘的气氛,就采用一种四周完全围合的空间形式,比如一些宗教建筑,教堂的墙上不开窗,日光透过墙间的角窗和顶与山墙之间的窄缝射入,创造了神圣的气氛,再配合星星点点的灯光造成了很迷幻的氛围。如古罗马的万神庙就是一个极端的例子。在高度43m、直径也是43m的半球形空间,只在穹顶中间开了一个直径9m的圆形采光口。著名的美术史家贡布里希说,在"我所知道的建筑物中,几乎没有一个能像它这样,给人这么沉静的和谐感。里面完全没有沉闷的感觉。巨大的屋顶穹隆仿佛自由地在你头顶盘旋,好像第二个天穹。"

有些建筑因为使用性质的不同,需要室内具有柔和的光线,那么可以通过墙面的处理使通透程度得到改变,比如阅览室需要柔和的光线。商业建筑为了吸引顾客,会采用通透的处理手法,比如赫尔佐格的东京普利达大厦因为其商业建筑的性质,利用新颖的结构使空间通透,使室外的人对室内的情况可以一览无遗,并且室内奇特的空间结构也得到了展示(图3-9)。

4)空间界面的处理

(1)顶棚的处理

顶棚对空间形态的影响非常大,比如矩形平面、平顶和拱顶的区别使空间形态完全不同。在设计中可以通过采用特殊的顶棚形式来取得新颖的空间效果,也可以通过肌理或灯具的处理来增加导向性和透视感等。此外,通过顶棚的处理还可以建立秩序,突出重点和中心,分清主从。

处理顶棚时要考虑到结构形式的影响。利用新型结构形式,其构件组成的图案具有极强的韵律感,这样的顶棚,不仅轻巧美观,还产生悦目的空间效果。

不同材料的顶棚处理也会产生不同的空间效果,玻璃材料可以很有效地引进自然光,并且使空间通透,图3-10中从顶部引入自然光,使大厅明亮欢快,透过斜向天窗还能看见天光云影;利用高架装饰构件的顶棚造型,每个空间都显得精致小巧;另外,采用大块织物装饰顶棚使顶界面变得柔和,由于织物的特性所形成的自然的弧线使空间效果也更加特别,并增添了一些浪漫的情调。

图3-9 东京普利达大厦

图3-10 玻璃材料可以很有效地引进自然光

(2) 地面的处理

地面处理多用不同色彩的石材拼嵌成图案以起到装饰作用,大体上强调图案本身的独立完整性、图案的连续性和韵律感以及图案的抽象性。一般来说,地面的装饰要与顶棚的处理相协调,形状上可做出些呼应,这样对于界定空间的形状范围和各部分空间的关系有更大的作用。

(3) 墙面的处理

墙面是以垂直面的形式出现的,对人的视觉影响至关重要,它的处理最关键的问题就是如何组织门窗。门窗为虚,墙面为实,门窗开口的组织实质上是虚实关系的处理问题,可以以虚为主,虚中有实,也可以以实为主,实中有虚。要避免虚实各半平分的处理方法。墙面的状态直接影响到空间的围透关系,处理不当会破坏空间效果,要处理好虚与实的关系。门窗的洞口要使用正常的尺度,尺寸过大或过小都会破坏整个空间的尺度感。

墙面的处理使空间产生变化,一些建筑利用墙壁上的绘画使视觉上有扩大空间的作用,在很多商业建筑里也有用镜子装饰墙壁来达到扩大空间的手法(图3-11)。

3. 多空间组合的处理

建筑都由多个空间组合而成,纯粹的单一空间建筑几乎是不存在的,即使是只有一个房间的独立建筑,它的内部空间也会因不同的使用功能而有所划分。我们要在处理好单一空间的基础上,处理好多空间的组合,使人们在连续行进的过程中有良好的空间体验。

图3-11 利用墙壁上的绘画使视觉上有扩大空间的作用

1）空间的组合方式

（1）集中式组合

这是一种稳定的向心式的空间组合方式，它由一定数量的次要空间围绕一个大的占主导地位的中心空间构成。这个中心空间一般为规则形式，如圆形、方形、三角形、正多边形等，而且其大小要大到足以将次要空间集结在其周围。至于周围的次要空间，一般都将其做成形式不同，大小各异，使空间多样化。设计时可以根据场地形状、环境需要及次要空间各自的功能特点，在中心空间周围灵活地组合若干个次要空间，使建筑形式和空间效果比较活泼而有变化。

由于集中式组合没有方向性，因此入口的设置一般根据地段及环境需要，选择其中一个方向的次要空间作为入口。这时，这个次要空间应该明确表达其入口功能，以和其他次要空间相区别。集中式组合的交通流线可为辐射形、环形或螺旋形，流线都在中心空间终止。这种组合方式适用于体育馆、大剧院等以大空间为主的建筑。

（2）组团式组合

组团式组合通过紧密连接来使各个空间之间相互联系，通常由重复出现的不同空间组成。这些空间具有类似的功能，并在形状和朝向方面有共同的视觉特征。组团式组合也可以在它的构图空间中采用尺寸、形式、功能各不相同的空间，但这些空间要通过紧密连接和诸如对称轴线等视觉上的一些规则手段来建立联系。因为组团式组合的图案并不来源于某个固定的几何概念，因此它灵活可变，可随时增加和变换而不影响其特点。一般幼儿园、疗养院、图书馆等建筑的外部空间组合多采用这种方式。

组团式组合可以将建筑物的入口作为一个点，或者沿着穿过它的一条通道来组合其空间。这些空间还可以组团式的布置在一个划定的范围内或者空间体积的周围。

（3）线式组合

线式空间组合实质上是一个空间序列，可以将参与组合的空间直接逐个串联，也可以同时通过线性空间来建立联系。线式组合易于适应场地和地形条件，线既可以是直线、折线，也可以是弧线，可以是水平的，也可以沿地形变幻高低。当序列中的某个空间需要强调其重要性时，该空间的尺寸和形式要加以变化。也可以通过所处的位置来强调某个空间，往往将一个主导空间置于线式组合的终点。

（4）并列式组合

具有相同功能性质和结构特征的单元以重复的方式并列在一起，形成并列式空间。这类空间的形态基本上是相似的，相互之间不寻求次序关系，根据使用的需要可以相互连通，比如医院、宿舍、旅馆等，通过一条廊道将这些空间串联起来，但也可不连通，比如住宅的单元之间。

（5）辐射式组合

辐射式组合是综合了集中式和线式组合的要素而形成的一种组合方式。它由一个主导中央空间和一些向外辐射扩展的线式组合空间所组成。辐射式组合向外延伸，与周围环境能够发生犬牙交错的关系。辐射式的中央空间一般是规则的形式，而向外延伸的线式空间可以功能、形式相同，也可以有所区别，突出个性。辐射式组合的适用性很强，而且建筑形体舒展，造型丰富。

2）空间的对比与变化

相邻的两个空间，如果呈现出明显的差异，借这种差异性的对比作用，可以反衬出各自的特点，从而使人们从这一空间进入另一空间时产生情绪上的突变和新鲜的感觉。

(1) 体量的对比

相连的两个空间，若体量相差悬殊，当由小空间进入大空间时，可借体量对比使人视觉豁然开朗。古典园林中采用的"先抑后扬"的设计手法，实质上就是通过大小空间的强烈对比作用获得小中见大的效果。一般比较常用的手法就是在进入主体大空间之前有意识安排一个极小的、极窄的或低的空间，通过这一空间时，人们的视线范围被极度压缩，而一旦进入高大的主体空间里，就会引起心理上的突变和情绪上的激动和振奋，觉得主体空间分外高大。

(2) 形状的对比

形状不同的空间之间会形成对比作用，通过这种对比可以达到求得变化和打破单调感的目的。

利用在规则形体中插入特殊形体产生突变，获得意想不到的效果。当然这必须根据功能的特点，在功能允许的条件下适当地改变空间的形状。

(3) 通透程度对比

也就是开敞与封闭之间的对比，空间的通透程度对人的感受能产生很大的影响，有效运用这种对比效果可以创造出非常合宜的空间。一般来说，在经过封闭的空间之后来到开敞的空间会觉得开阔舒畅，而从开敞的空间来到封闭的空间会有更好的安全感和私密性。充分利用空间的通透程度的对比将使得空间各具特色。

(4) 方向对比

将空间纵横交替地组合在一起，借方向的改变而产生对比作用。纵的空间显得深远，富于期待感；横的空间更加舒展开阔。利用空间的对比与变化能创造良好的空间效果，给人一定的新鲜感，但不能盲目求变，要有规律，有章法。

3）空间的重复与再现

重复可以使空间组合产生节奏感和韵律。不适当的重复可能会让人感到单调，但如果把对比和重复结合在一起可以获得很好的效果。

传统的建筑空间，基本特征就是以有限的空间类型作为基本单元，而一再重复使用，在统一中求得变化。

重复地运用同一种形式的空间形式，并不是说要连接成一个统一的大的空间，而是可以和其他形式的空间互相交替穿插组合，比如可以用廊来连接，人们只有在行进的连续过程中，通过回忆感受到某一个形式曾经出现过，这种空间形式重复出现或者重复变化的交替出现而产生一种节奏感，这就称为空间的再现。

以某一形状为母题进行空间组合的方式，实质上体现的就是空间的重复与再现。可以有意识地选择同一种形式的空间作为基本单元，并以它作为各种形式的排列组合，借大量的重复某种形式的空间以取得效果。

4）空间的渗透与流通

对于公共空间，人们比较喜欢通透开敞的空间，空间具有流动性，彼此之间相互渗透，这样可以大大增加空间的层次感，空间的渗透与流通包括内部空间之间和内外空间两部分。两个相邻的空间，在分隔时，有意地使之相互连通，将可使两个空间彼此渗透，相互因借，从而增强空间的层次感。同时，合理的空间层次还能满足人们对空间的私密性、半私密性和公共性的划分需要。

中国传统建筑中用的借景的手法就是一种比较典型的空间渗透形式，把别处的景物引到空间里，这实质上就是使人的视线能够透过分隔空间的屏障，观赏到层次丰富的景观，西方的柱廊式建筑外部形体处理方法在室内外空间渗透上效果很好。现代建筑由于框架结构的广泛使用，为自由灵活的分隔空间创造了极为有利的条件，各部分空间与其他空间互相连通穿插渗透，从而呈现出极其丰富的层次变化。所谓流动空间就是对这种空间很形象的概括。

获得空间的渗透与流通可以有以下几个方法：

（1）用点式结构来分隔空间

线状的实体隔断会对视线产生很强的阻隔作用，而点的结构排列在一起，既分隔了空间，视线又可连续，空间之间具有强烈的流通感，如列柱、连续券等。图3-12利用圆窗将外墙的景色引到空间里。

图3-12　利用圆窗将外墙的景色引到空间里

（2）用玻璃等透明材料来分隔空间

玻璃既保证了所围合空间的内部小气候的稳定性，又保持了视觉的连续性，视线不会受到任何阻碍。用大面积的玻璃来分隔室内外空间，人们在室内可享受室外的自然景色，空间的渗透与流通得到充分的体现。

（3）用透空的隔段来分隔空间

将线形的隔断做成透空的形式，一般采用墙上开洞口、透空的栏杆等多种形式。如传统居室中的门罩，既分隔了空间，又起到装饰作用。

（4）用夹层、回廊、中庭等形式来组织空间

不仅同一水平面上的空间需要渗透，在垂直方向上经过某些手段的处理，也会形成上下空间相互穿插渗透的空间效果，大大丰富了室内景观。夹层上的空间和夹层外的空间是相互穿插渗透的，比如图3-13中中庭贯穿了两层的空间，站在一层透过中庭可以看见二楼的空间，增加了空间的层次性和渗透性。

5）空间的引导与暗示

建筑由多个空间组合在一起，人们是一个接一个空间的行进，不可能同时窥探到整个建筑空间的全貌，有的空间会处于显眼的位置，有的会处于隐蔽的位置，不太容易被人发现，这就需要在建筑空间设计中采取具有引导或暗示性质的措施来对人流加以引导，从而使人们可以循着一定的途径而到达这些不明显的区域。在设计过程中一般都是避免一览无余，开门见山，可以有意识地把一些趣味中心放在比较隐秘的地方，通过某种引导和暗示的处理手法，获得柳暗花明又一村的意境。

空间的引导和暗示，处理时要自然巧妙和含蓄。能让人在不经意之间沿着一定方向或路线从一个空间依次走向另一个空间。空间的引导和暗示使用得当可以大大增加空间的趣味性。

其具体的手法有：

(1) 借助楼梯或踏步，暗示出另外空间的存在，楼梯和踏步都具有一种很强的引导作用，一些宽大开敞的直跑楼梯空间的诱惑力更强烈。在同一层空间里，稍微做出一些地面高差，利用踏步来引导空间也是十分有效的手段，尤其带有转折性的空间，它有时不能引起人的注意，在空间的衔接的地方设几个踏步，就可以起到很好的暗示作用(图3-14)。

(2) 利用曲墙来引导人流到达另一个空间

根据人的心理特点，人流会自然地趋向于曲线形式，以弯曲的墙面把人流引向某个确定的方向，并暗示另一个空间的存在，这成为一种常用的空间引导处理的手法，这种方法的特点是动感和方向感强烈；人们面对一条弯曲的墙面，将自然而然地产生一种期待感，希望沿着弯曲的方向而有所发现，从而不知不觉地沿着弯曲的方向进行探索，最后被引导到某个确定的目标。

(3) 利用空间的灵活分隔，暗示出另外空间的存在

一些自由分隔的空间里，一般不会把空间限定得很死，只可能做一些象征性的分隔，追求一种连续的运动的效果，每个空间都连通另一个空间，具有很强的流动性。人们总会抱着某种期望行进，通过这种心态，有意识地使人处于这一空间就能预感到另一空间的存在，这样可以把人由此空间引导到另一空间。

6) 空间的秩序与序列

空间的序列应该以人的活动过程为依据，并且把各个空间作为彼此相互联系的整体来考虑。因此了解人的活动规律性或行为模式，是组织空间秩序的依据。人的行进是一个连续的过程，所以展现出来的空间变化也是保持着连续的关系，组织空间序列就是要把空间的排列和时间的先后有机地结合起来，这样人才能获得良好的空间体验。

当三个以上的空间组合时，序列组织的手法经常被使用，沿主要人流路线逐一展开空间，这种序列"有起、有伏，有抑、有扬，有一般、有重点、有高潮"，其中，高潮所在的空间将引起人们情绪上的更大共鸣。

(1) 空间序列的选择

图3-13 利用中庭等形式来组织空间

图3-14 踏步对人具有很强的引导性

不同性质的场所有不同的空间序列布局，一般来说，空间序列的选择要注意以下几方面：

（A）序列类型的选择：序列的类型可分为规则式和自由式，也可分为对称式和非对称式等。空间的序列线路也有直线型、曲线型、循环型、立体交叉型等等。究竟采取何种序列形式，决定于建筑的使用性质、功能特点、规模大小。

（B）序列长度的选择：序列的长短直接涉及空间高潮的出现时机，一般来说，高潮应该比较晚的出现，它出现的越晚，空间的层次则必须增多，正所谓千呼万唤始出来，其空间效果对人心理的影响也必然更加深刻。

（C）高潮部分的设置：一个有组织的空间序列，如果没有高潮作为中心，必然会显得松散。在多空间组成的建筑中，要有一个有一定代表性的主体空间，作为高潮部分，成为整个建筑的中心。一般来说，要把体量高大的主体空间安排在突出的地位上，还可以运用空间对比的手法，以较小较低的次要空间来烘托它。

空间序列高潮部分的设置没有固定的模式，要依据功能空间的需要而定。如正常的空间序列高潮部分的位置都是偏后的，前面做一些铺垫，是人产生一种期待感，然后来到高潮部分感受会更深。但是商业类建筑，为了吸引顾客，精华部分应位于建筑的入口或建筑的中心位置。

（2）空间序列设计的手法

空间的导向性。所谓导向性，就是指以某种建筑处理的手法来引导人们行动的方向性。空间序列的组织，必须具有导向性。如果人们在一个空间里，不知道下一步将走向哪里，那么他就不会有什么空间体验。要用建筑所特有的语言来传递信息，为人们指明行动路线，一般常运用形式美学中的各种韵律图案来作为空间导向性的手法。一些连续排列的物体，比如列柱、装饰物等容易引起人们的注意而不自觉地随着行动。还有具有方向性的图案，结合墙地面的装饰处理，暗示或强调人们的行动方向和提高人们的注意力。

7）空间的衔接与过渡

两个空间如果只是单纯的以某种简单化的方法直接相连，那样会让人觉得太突然或太单薄，尤其是两个大空间之间，如果只以洞口直接相连，给人的空间体验就会很平淡，缺少趣味。所以在空间设计时要注意空间的衔接与过渡的问题。

空间的衔接与过渡分为直接和间接两种形式。直接的连接通常以隔断或其他空间分隔方式来体现；空间的间接过渡方式是在两个空间中插入第三个空间作为过渡，也就是过渡空间。过渡空间的设置有的是实际的需要，有的是加强空间效果。比如住宅的门厅，出于安全性和私密性的需求而设置，而且也是更换衣物的场所。餐饮建筑里，入口处需有一个接待空间，可以表达礼节，创造气氛（图3-15）。在两个空间中插入一个较小的较低的较暗的空间，使人们从一个大空间走向另一个大空间时必须经历由大到小，再由小到大的，高度上由高到低再由低到高，亮度上由明到暗，再由暗到明的这样一个过程，这样可以在人们记忆中留下深刻的印象。过渡空间的设置具有一定的规律性，它常常起到功能分区的作用，比如在动静分区里，净区和污区的中间都会通过过渡地带来分隔；有些建筑如果想在形体上有一个斜向的转折，处理不当的话，会使内部空间硬性相接，会显得很不自然，生硬。如果能巧妙地插进一个小的过渡空间，就可以顺畅地把人流由一个空间引入到另一个空间。内外空间之间也存在着一个衔接与过渡的处理问题。为了让人在由室外进入室内空间时不会产生过分突然的感觉，就要在它们之间插入一个过渡空间，比如西方建筑中常用的柱廊，这个空间就起到了很好的过渡作用，并且丰富了建筑的外形。悬挑雨棚也是一种常用的形式，但要注意的是考虑好雨棚的高度和悬挑深度之间的比例关系。如果高度很高，但深度不够，那它所创造的空间感就会很弱。

8) 空间的分隔与划分

空间的分隔与划分大致有三个层次：一是室内外空间的限定，比如入口、天井、庭院等，它们都与建筑外部空间密切相连，直接体现建筑内外的关系；二是内部各房间的限定，就是如何处理好空间的封闭或开敞、静止与流通以及空间的过渡和组织的问题，通过具体的空间分隔与划分手段来实现；三是同一房间的不同部分的限定，通过一些灵活的手段对建筑空间进行再创造。

空间的分隔包括水平和垂直两个方向的限定。空间的分隔具体的手段有：

（1）承重构件的分隔

墙、柱、梁和楼板是将空间划分成不同部分的固定分隔因素，墙、柱对空间的分隔属于垂直方向的，实墙是一种绝对的分隔，柱子与墙有些不同，两个柱子就可以限定一个面，因为这两个柱子之间在人的视觉上就形成了一张透明的"空间薄膜"。一排柱子就能清楚地分隔两个空间，同时又保持两个空间视觉上的连续性。

梁和楼板对空间分隔属于水平方向的，夹层的设置应符合功能的需要，并且要认真推敲它的高度、宽度以及与整个空间的比例关系。

（2）非承重构件的分隔

轻质隔断、推拉门、帷幔等是非承重构件。图3-16中就是利用轻质的薄纱作为分隔空间的材料，空间上相互渗透，透过薄纱看相隔的空间会产生朦胧的感觉，更能产生一种美感。可以根据具体使用需要对空间进行任意的分隔，隔断的虚实可以形成

图3-15　餐饮建筑入口处需有一个接待空间

不同的分隔强度，不透明的实隔断一般属于强分隔，透明的属于虚的，是弱隔断，分隔成的各部分仍具有很强的连通性。隔断的高度也影响分隔的强度，一般认为高度超过60cm，空间的分隔感就形成了。超过人体高度的隔断被认为是强隔断，低于人腰部以下的高度就属于弱分隔。

（3）利用家具和装饰构架进行的分隔

现代建筑讲究创造穿插渗透和流通的空间效果，因此常利用柜、屏风甚至桌椅等非固定的灵活分隔手段，来自由划分空间。传统建筑中就常用博古架、屏风等分隔室内空间。

（4）利用水平面高差进行的分隔

同一高度的水平面具有一定的连续性，它所限定的空间是一个统一的整体，当水平面的高度出现高差变化时，人们会感觉空间与以前有所不同，因此通过顶棚或地面的高低不同来使局部空间产生变化。

局部抬高或降低地面可以改变人们的空间感，借此方法也可以强调或突出某部分的空间，也可用来划分不同的功能部分。用抬高局部地面的手法，从周围地面所分离出来的空间，具有外向性和展示性（图3-17）。可以用它来突出一个重要空间，如舞台或演奏平台。如果将一部分地面下沉，则下沉所形成的垂直面，便限定出一个空间范围。下沉部分与四周空间的连续性，随着下沉深度不同而变化。地面下沉所形成的空间，相对于周围环境具有内向性，性格宁静而亲切。同时，由于下沉产生一定遮蔽，这样的空间给人心理上的庇护。

（5）利用色彩和材质进行的分隔

在同一实体围合的空间中，利用界面或家具等不同材质和色彩可以象征性地划分出各种虚拟的空间，不做高差变化，利用材质的不同就可以有效地区分。

图3-16 薄纱分隔的空间

图3-17 抬高局部地面

第三节　外部空间环境设计基础

外部空间是从自然中由边界所划定的空间,它与无限伸展的自然是不同的。外部空间是人有目的创造的外部环境,是比自然更有意义的空间。所以,外部空间的设计就是创造这种比自然更有意义的空间的技术。由于被边界所包围,外部空间建立起从边界向内的向心秩序,在该边界中创造出满足人的意图和功能的积极空间。所谓空间的积极性,就意味着空间满足人的意图,或者说有计划性。所谓计划,对空间论来说,那就是首先确定外围边框并向内侧去整顿秩序的观点（图3-18和图3-19）。

相对地,自然是无限延伸的离心空间,可以把它认为是消极空间。所谓空间的消极性,是指空间是自然发生的,是无计划性的,对空间论来说,那就是从内侧向外增加扩散性（图3-20）,因而前者具有收敛性,后者具有扩散性。

由建筑师所设想的这一外部空间的概念,与造园师考虑的外部空间也许稍有不同。因为这个空间是建筑的一部分,也可以说是"没有屋顶的建筑"的空间。即把整个用地看作是一栋建筑,有屋顶的部分作为室内,没有屋顶的部分作为外部空间考虑。所以,外部空间与单纯的庭园或者开敞空间自然不同,这是显而易见的。

外部空间的构成从理论上讲和建筑空间的构成有许多相似之处,惟一不同的在于建筑空间有类似屋顶的限定因素,而室外空间只有两个限定空间的因素。除此之外,外部空间的尺寸比例、材料质感、空间布置、空间层次等都是构成外部空间环境的重要因素。

1．建筑外部空间的分类

建筑外部空间实质上就是城市的空间,这类空间的构成无非是围合空间和由标志性的实体占领的空间。建筑外部空间的分类在实质上与室内空间是相同的,但为了今后衔接外部环境设计,借用美国规划建筑师凯文·林奇（Kevin Lynch）依据人们对城市的意象,归结的城市形象的5个要素作为空间基本形的分类:

1) 道路　道路是建筑外部空间的重要组成部分,是空间的骨架和联系通道,是一种线型空间,具有引导、暗示的作用。

2) 边缘　是指两个不同区域之间形成的一条边,它不一定是一条道路的立面。例如人们在杭州西湖中泛舟,可以看到城市呈现为边的状态。有时从城市外围的某一风景点,透过郊区的田野观看城市,也可以看到这种边缘。

3) 区域　是指具有某种共同特征的建筑外部空间区域,人们在其中活动能得到与其他城市地段明显不同的感受。如南京夫子庙地区是一个有强烈特征的传统商业、旅游、文化区域。

第三章 环境与空间　45

图3-18　建筑实体围合创造的积极外部空间

图3-19　廊架围合的积极外部空间

图3-20　离散的消极空间

(4) 节点 指城市广场或道路交叉口，或河道方向转变处等非线型空间。

(5) 标志 它是人们感觉和识别城市的重要参照物。它可以是城市中的电视塔，或有名的山，或者是城市中极有特征的建筑或建筑群，如北京故宫、悉尼歌剧院等。

2．外部空间的布局

按外部空间平面形状大致可以分为线型和面型两种。不同的形状其特征不同，给人的时空感知也不同。线型空间，如街道、河道等狭长的外部空间，相对于面型空间具有"动"的特质，可称之为运动空间，如一些交通性的空间，在其中活动时在心理上往往带有一种"动"的感受；面型空间，如广场、绿地等则有"静"的特质，可称之为停滞空间，其往往是空间的一个节点，人在其中的活动速度较缓慢，如进行休憩、观景等活动，人的心理感受则倾向于"静"。

3．空间的尺度

1）空间的知觉尺度

作为空间的感受者人直接与物发生作用，人物距离的大小影响人的知觉作用和结果，一般认为：20～30m以内可以清楚识别人物；100米以内，作为建筑而留下印象；600m以内，可以看清楚建筑及建筑轮廓；1200m以内，可作为建筑群来看；1200m以上，可作为城市景观来看。日本学者芦原义信先生提了"十分之一"理论，即外部空间可采取内部空间尺寸的8～10倍的尺度；以及外部空间可采用距离20～25m的模数。中国古代风水强调"百尺为形，千尺为势"，"积形成势"，"聚巧形而展势"，提出了中国古代的环境尺度观念，这是人们在对自然感知的过程中，经过深刻的抽象思维而形成的外部空间设计理论。

2）人体尺度的应用

尺度本身就是以人为标准的，在古代度量单位就是取决于人体某部位的长度并延续使用至今。"尺度意味着人们感受到的大小的效果，意味着与人体大小相比的大小效果"。由小到大，我们可将其分为近人、宜人、超人三种尺度。近人尺度，人易感知并把握全局，如矮小的家具等；宜人尺度，使人感到亲切，如花架等；超人尺度，易使人压抑、震撼，体现了人改造自然的力量，如体量巨大的纪念物、教堂（图3-21）等等。注重尺度设计，寻找一个给人正确尺度的参照物，才能与人固有的知觉恒常性相吻合，使人正确感知环境。

空间的围合状态大致可分开放与封闭两种，一般以围合物高度（H）和间距（D）定量空间性质。一般认为，当

图3-21 高耸的教堂创造神圣的气氛

D/H 小于1时，围合实体相互干涉过强，易产生压抑感；D/H 介于1和2之间，使人感觉内聚，安定而不压抑；D/H 大于2，实体排斥，空间有离散感。实践证明，当人与人之间的距离小于人的高度时，就会产生密切的关系；又如台高等于1.2m，两者之间的比等于1时，就产生一种均衡关系。根据以上的比例关系，建筑师卡米洛·西蒂（Camillo Sitte），做了有关广场大小的阐述，他说，"广场的最小尺寸等于主要建筑物的高度，最大尺寸不超过其高度的两倍。"

4．外部空间的序列

空间形态的有机变化我们可以称之为空间序列，作为空间艺术的中国古典园林，"不仅可以从某些点上看，具有良好的静观效果——景，而且从行进的过程中看，又能把个别的景连贯成完整的序列，进而获得良好的动观效果"。建筑外部空间设计中，可将空间看作是一系列变化着的构图，这构图具有首位的连贯性和连续性，用对比和出人意料的手法以维持和刺激人的兴趣。一般来讲，空间序列的变化可以通过空间曲折、节点处收与放、空间开放与围合变化等等来达到。

1）空间的顺序

在外部空间的设计中，需要进一步安排空间的出场顺序，根据功能来确定空间的领域，将它们按照一定的规律排列组织起来。空间的顺序安排大致应遵循以下几种路线：

室　内——半室内——半室外——室　外
封闭型——半封闭性——半开敞性——开敞性
私密性——半私密性——半公开性——公开性
安静的——较安静的——较嘈杂的——嘈杂的
静态的——较静态的——较动态的——动态的

2）空间的层次

在外部空间的构成当中，其空间有单一的、两个的和多数复合的等等，不管哪种情况，都可以在空间中考虑顺序。

建立这种空间顺序的方法之一，就是根据用途和功能来确定空间的领域。因为即使是同一景色，由照相机的取景框望出去，有时候景色就会变得非常美丽紧凑。外部空间构成上，可以把视线收束在画框之中，使远景集中紧凑，给空间带来期待和变化。中国古典园林中的"借景"，就很好地运用了这种手法（图3-22）。

设计外部空间时，一开始就给人看到全貌，给人们以强烈的印象和标志，这是一种方法；而有节制地不给人看到全貌，以便使人有种种期待，采取可以一点一点掌握的空间布置，这也是一种方法。可以把两者结合起来，一方面带来强烈的印象，一方面又能创造充实、丰富的空间，是不错的手法。

5. 其他手法

外部空间设计的过程中还有一些其他值得注意的手法。

首先提到的就是要有效地利用地面的高差，根据它就可以创造高平面、低平面以及中间平面。安排高差就是明确地划定领域的境界，由于高差就可以自由地切断或结合几个空间。地面低于基准地平面的下沉式庭院，具有与竖起墙壁同样的封闭效果，而且从地面看低的部分时，因为容易在一瞥中掌握整个空间，所以在外部空间设计中是极有效的技法。下沉式庭院的设计手法可用于外部空间规模较大、平面复杂、人流大量集中的市中心地带空间难以掌握的情况，或是一方面使空间上连续，同时又把有入场券和无入场券者加以区分的情况，可以说它的适用范围是非常广泛的。

外部空间中水是设计的重要元素，水体可分为静的或是动的。静止的水面物体产生倒影，可以使空间显得格外深远，特别是夜间照明的倒影，在效果上使空间倍加开阔（图3-23）。动水中有流水及喷水，流水低浅地使用，可在视觉上保持空间的联系，同时又能划定空间与空间的界限。流水由于在某些地方做成堤堰，可以进一步夸张水的动势。水的有趣的用法，就是在那种不希望人进入的地方，以水面来处理（图3-24）。

其次，利用材料质感。在同一平面的地面上，也可以用色彩和材料质感的不同来形成空间的领域感，它是虚拟空间的手段之一。不同的材料质感可以给人以不同的视觉感受，不同材料的区域分布也就形成了不同的空间区域（图3-25）。这样的区域划分手段在外部空间中是极为常见的。因为它不仅可以产生区域感，又不破坏空间的连续性。从使用功能上说，地面材质的区别，可以清楚地表示出车道、人行道、娱乐游玩区、休憩观赏区等不同的功能区域。可见，无论在功能还是在精神享受方面，利用材料质感进行区域划分都有积极的作用。

图3-22 杭州花圃中典型的"借景"创造了很好的视觉效果，并且使空间更有层次

图3-23 水体景观的倒影

最后可以利用灯光照明。在夜晚，灯光形成明暗的各种变化，是制造不同的空间区域，或者调解空间环境气氛非常有效和实用的手段。因此现代的城市环境愈来愈多地使用灯光手段，尤其是广场、步行街、商业街道、花园等各种空间环境都是用大量的灯光来渲染空间的环境气氛。

图3-24 喷泉与动态的流水结合

图3-25 不同的材料质感可以给人以不同的视觉感受，不同材料的区域分布也就形成了不同的空间区域

第四章 环境艺术设计的程序与基本方法

第一节 环境艺术设计的程序

科学有效的工作方法可以使复杂的问题变得易于控制和管理。在解决设计问题的工作中,按时间的先后依次安排设计步骤的方法称为设计程序。设计程序是设计人员在长期的设计实践中发展出来的,它是一种有目的的自觉行为,是对既有经验的规律性的总结,其内容会随设计活动的发展与成熟而不断更新。由于环境艺术设计的复杂性,涉及内容的多样性而导致其设计步骤的烦琐、冗长,以合理秩序为框架地开展工作是成功设计的前提条件,也是在有限时间内提高设计工作的效率和质量的基本保障。

虽然设计步骤会因不同的设计者、设计单位、设计项目和时间要求而有所不同,但大体上还是可以分为六个阶段,即:设计前期、方案设计、扩初设计、施工图设计、设计实施和设计评估这六个阶段,即从业主提出设计任务书到设计实施并交付使用的全过程。

1. 设计前期

设计前期也就是设计准备阶段。它主要包括与业主的广泛交流,了解业主的总体设想,然后接受委托,根据设计任务书及有关国家文件签订设计合同,或者根据标书要求参加投标;明确设计期限并制定设计计划进度安排,考虑各有关工种的配合与协调;明确设计任务和要求,如室内设计任务的使用性质、功能特点、设计规模、等级标准、总造价,根据任务的使用性质所需创造的室内环境氛围、文化内涵或艺术风格等; 熟悉设计有关的规范和定额标准,收集分析必要的资料和信息,包括对现场的调查踏勘以及对同类型实例的参观等。

在签订合同或制定投标文件时,还包括设计进度安排、设计费率标准,即设计收取业主设计费占工程总投入资金的百分比。

2. 方案设计

在设计前期工作成果的基础上,进一步收集、分析、研究设计要求及相关资料,进一步与业主进行沟通交流,反复构思,进行多方案比较,最后完成方案设计。

设计师需提供的方案设计文件一般包括:设计说明、平面图、顶面图、立面图、剖面图、彩色效果图、造价估算及个别装饰材料实样等。

3. 扩初设计

由于环境艺术设计所牵涉的其他专业工种所提供的技术配合有时相对比较简

单，或是因为设计项目的规模较小，方案设计能够直接达到较深的深度，此时，方案设计在送交有关部门审查并基本获得认可后，就可直接进行施工图设计，那么，扩初设计阶段是省略的。但是，如果工程项目比较复杂，技术要求较高时，则需进行扩初设计，对方案进一步深化，保证其可行性，同时进行造价概算，然后再送有关部门审查。

4．施工图设计

施工图设计是设计师对整个设计项目的最后决策，必须与其他各专业工种进行充分的协调，综合解决各种技术问题，向材料商和承包商提供准确的信息。施工图设计文件较方案设计应更为详细，需要补充施工所必要的有关平面布置、节点详图和细部大样图，并且编制有关施工说明和造价预算等（图4-1）。

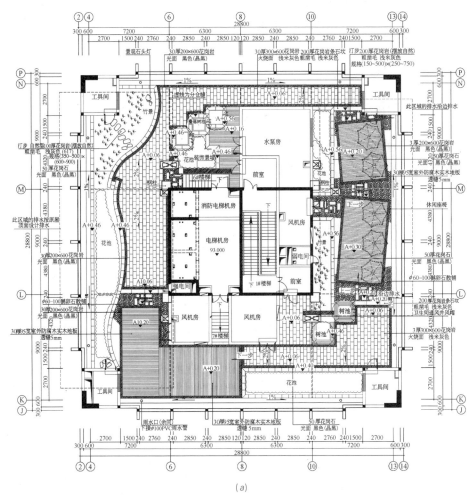

图4-1 环境艺术设计施工图阶段的平面图（一）
(a) 某屋顶花园平面图

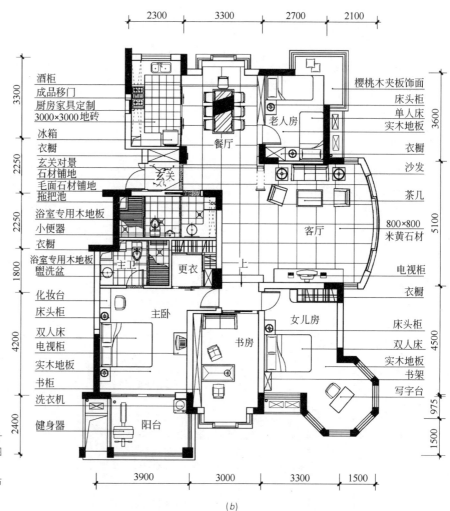

图4-1 环境艺术设计施工图阶段的平面图（二）
(b) 某住宅室内平面布置图

5．设计实施

在此过程中，虽然大部分设计工作已经完成，项目开始施工，但是设计师仍需高度重视，否则难以保证设计能达到理想的效果。

在此阶段，设计师的工作常包括：在施工前向施工人员解释设计意图，进行图纸的技术交底；在施工中及时回答施工队提出的有关涉及设计的问题；根据施工现场实际情况提供局部修改或补充（由设计单位出具修改通知书）；进行装饰材料等的选样工作；施工结束时，会同质检部门与建设单位进行质量验收等。

6．设计评估

设计评估目前逐渐受到越来越多的重视。这个阶段是在工程交付使用的合理时间内,由用户配合对工程通过问卷或口头表达等方式进行的连续评估,其目的在于了解是否达到预期的设计意图,以及用户对该工程的满意程度,是针对工程进行的总结评价。

很多设计方面的问题都是在工程投入使用后才能够得以发现的,这一过程不仅有利于用户和工程本身,同时也有利于设计师为将来的设计和施工增加、积累经验或改进工作方法。

第二节　环境艺术设计的任务分析

环境艺术设计与人们的生活密切相关,涉及诸多方面的因素,在整个设计过程中,要对这些因素都给予充分考虑。任务分析作为环境艺术设计的第一阶段工作,其目的就是通过对设计要求、环境条件、经济因素和相关规范资料等重要内容的系统、全面的分析研究,为设计确立科学的依据。

1．对设计要求的分析

设计要求主要是以设计任务书形式出现的。任务书是对设计的指导性文件,对不同要求的设计项目,设计任务书的详尽程度差别很大,但一般包括文字叙述和图纸两部分内容,无论是对室内还是室外的环境设计,任务书提出的要求都会包括功能关系与形式特点两个方面。

1) 功能关系的要求

一般而言,功能关系的要求包括功能组成、设施要求、空间尺度、环境要求等方面。并且这些方面的要求也不是一成不变的,而是会随着社会各方面的发展不断变化。

比如说居住建筑的卧室空间,以前要求主卧室的开间要达到3.9m,才能在满足其内部设施要求的前提下达到一定的舒适性。但现在随着科技的进步,壁挂式电视的诞生,原来卧室中电视柜所占空间就得以释放了,3.6m的开间已足以满足要求,节约下的也不仅仅是空间,而是更多。

2) 形式特点的要求

(1) 类型与风格特点

不同类型或风格的环境艺术设计有着不同的性格特点。

例如一般情况居住建筑的环境艺术设计要求体现的是亲切、宜人的性格特点,因为这是一个居住环境所应具备的基本品质,而大多数的公共性建筑的环境艺术设计需要营造的是庄重、大气的氛围。

(2) 使用者个性特点

除了对设计项目的类型进行充分的分析研究以外,还应对使用者的职业、年龄以及兴趣爱好等个性特点进行必要的分析研究。例如，同样是居住环境，艺术家的情趣要求可能与企业家有所不同；同样是校园环境，大学环境和小学环境在形式与内容上也会有很大的区别。

2．对环境设计条件的分析

1）对室内环境设计条件的分析

一般而言，室内环境设计首先是受到自然条件的影响，比如房间的朝向、景向、风向、日照、外界噪声源、污染源等都会影响室内环境设计的思路和具体处理。因此，应该先要分析出哪些自然条件对设计有利，哪些不利，以便在设计中分别有针对性地进行处理。

其次，室内环境设计受到建筑条件的影响，设计师必须在设计开始前对提供的建筑图进行分析，其内容包括：

（1）对建筑结构形式的分析

室内环境设计是基于建筑设计基础上的二次设计。在实际的设计工作中，有时由于业主对使用功能的特殊要求，需要变更土建形成的原始格局，对建筑的结构体系进行变动。此时，需要设计师对需调整部分进行分析，在不影响建筑结构安全的前提下作出适当调整。因此，可以说这是为了保证安全必须进行的分析工作。

（2）对建筑功能布局的分析

建筑设计尽管在功能设计上做了大量的研究工作，确定了功能布局方式，但仍不免会出现不妥之处。设计师要从生活细节出发，通过建筑图进一步分析建筑功能布局是否合理，以便在接下来的设计中改进和完善。这也是对建筑设计的反作用，也是一种互动的设计过程。

（3）对室内空间特征的分析

分析室内空间是围合还是流通，是封闭还是通透，是舒展还是压抑，是开阔还是狭小等等。

（4）对交通体系设置特点的分析

分析室内走廊及楼梯、电梯、自动扶梯等垂直交通联系空间在建筑平面中是怎样布局的，它们怎样将室内空间分隔，又怎样使流线联系起来的。

（5）对后勤用房、设备、管线的分析

分析建筑物内一些能产生气味、噪声、烟尘的房间对使用空间带来多大程度的不利影响，以及怎样把这些不利影响减少到最低程度。还要阅读其他工种的图纸，从中分析管线在室内的走向和标高，以便在设计时采取对策。

此阶段的条件分析应该是全方位的，凡是从图中可以看出的问题都应该加以分析考虑。分析能力也是衡量设计师业务素质的重要评价标准之一。

需要指出的是，有时由于实际施工情况和建筑图纸资料之间存在误差，或者是由于建筑图纸资料缺失，那么，这就需要设计师到实地调研，对建筑条件进行深入地现状分析。

2) 对室外环境设计条件的分析

室外环境设计主要受到工程建设基地条件的影响,在进行设计之前应对基地进行全面、系统地调查和分析,为设计提供细致、可靠的依据。

(1) 基地条件调查的内容

基地现状包括收集与基地有关的技术资料进行实地踏勘、测量两部分工作。有些技术资料可从有关部门查询得到,对查询不到但又是设计所必须的资料,可通过实地调查、勘测得到。基地条件调查的内容包括:

(A) 基地自然条件:地形、水体、土壤、植被;

(B) 气象资料:日照条件、温度、风、降雨、小气候;

(C) 人工设施:建筑及构筑物、道路和广场、各种管线;

(D) 视觉质量:基地现状景观、环境景观、视域;

(E) 基地范围及环境因子:物质环境、知觉环境、城市规划法规。

基地条件调查并不是要将所有内容一个不漏地调查清楚,应根据基地的规模、内外环境和使用目的分清主次,主要的应深入详尽地调查,次要的可简要地了解。

(2) 基地条件分析

调查是手段,分析才是目的。基地条件分析是在客观调查和主观评价的基础上,对基地及其环境的各种因素作出综合性的分析与评价,使基地的潜力得到充分发挥。基地条件分析在整个设计过程中占有很重要的地位,深入细致地进行基地分析有助于用地的规划和各项内容的详细设计,并且在分析过程中产生的一些设想也很有利用价值。基地条件分析包括在地形资料的基础上进行坡级分析、排水类型分析等等。

3. 资料的搜集与调研

学习并借鉴前人正反两个方面的实践经验,了解并掌握相关规范制度,既是避免走弯路、走回头路的有效方法,也是认识熟悉各类型建筑的最佳捷径。因此,为了学好环境设计,必须学会搜集并使用相关资料。结合设计对象的具体特点,资料的搜集调研可以在第一阶段一次性完成,也可以穿插于设计之中,有针对性地分阶段进行。

1) 资料搜集

环境艺术设计是综合运用多学科知识的创作过程,设计师欲想提高设计的质量和水平,就应注意不能只停留在就事论事地解决设计中的功能与形式问题上,而应借助于学科知识提升设计目标的品位。这就需要针对设计项目的要求及其内涵,运用外围知识来启迪创作思路,或解决设计中的技术问题。特别是对于还处于设计学习阶段的学生而言,由于本身的学识、眼界还比较有限狭窄,特别需要借助查询资料来拓宽自己的知识面。

那么,怎样来查阅并搜集有关资料呢?

首先，与该设计项目有关的设计规范，通过查阅要铭记在心，以防在设计中出现违规现象。其次，当设计项目中需要突出文化特征时，要查阅地方志、人物志等，以便在设计中运用特定设计要素时（包括符号、材料等）与文脉有一定联系。当然，不是所有的设计内容都要表达高层次的文化性，但有时也是很有必要表达个性的，这就需要设计师注重平时的积累。

资料的搜集可以帮助拓宽眼界，启迪思路，借鉴手法。但是一定要避免先入为主，否则，使自己的设计走上拼凑，甚至抄袭他人成果的错误做法，最终丧失自己积极创作的精神。

2）实例调研

资料的查询和搜集是获取和积累知识的有效途径，而实例调研能够得到设计实际效果的体验，这对于设计师在做设计时会有很大的参考价值。

首先，实例的许多设计手法和解决设计问题的思路在你亲临实地调研时有可能引发创作灵感，在实际设计项目中可以借鉴发挥。其次，经过调研后，在把握空间尺度等许多设计要点上可以做到心中有数。另外，实例中的很多方面，比如材料使用、构造设计等远比教科书来得生动，更容易让人明白。

总之，在实例调研时，要善于观察、细心琢磨、勤于记录，这也是设计师应该具备的专业素质。

第三节　设计方案的构思与深入

1. 环境艺术设计的思考方法

任何一个设计作品都不可能是完美的，即使是非常成功的作品也是经过不断推敲、完善，以至趋近完美的。在设计过程中进行思考，主要是要解决好设计主要面临的几个问题。

1）整体与局部

就整体与局部的关系而言，一般应该做到大处着眼、细处着手。整体是由若干局部所组成，在设计思考中，首先应该对整个设计任务具有全面的构思与设想，树立明确的全局观。然后才能开始深入调查、收集资料，掌握必要的资料和数据，从基本的人体尺度、人流动线、活动范围和特点、家具与设备的尺寸等方面反复推敲，使局部融合于整体，达到整体与局部的完美统一。忽略整体，将使整个设计变得琐碎；忽略局部，也会使设计因为缺少变化而变得乏味。

2）内与外

室内环境的"里"，以及和这一室内环境连接的其他室内环境，以至建筑室外环境的"外"，它们之间有着相互依存的密切关系，设计时需要从里到外、从外到里多次反复协调，务使更趋完善合理。室内环境需要与建筑整体的性质、标准、风格、室外环境相协调统一。内与外的关系常在设计中需要反复协调，以至最后趋于完美合理。否则就极易造成相邻室内空间之间的不协调和不连贯,亦可能造成内外环境的对立。

3) 立意与表达

可以说,一项设计如若没有立意就等于没有"灵魂",设计的难度也往往在于要有一个好的构思,有了明确的立意才能有针对性地进行设计。好的立意更需要完美的表达,而这不是能轻易做到的,设计师能力的强弱也能在这方面得到体现。对于环境艺术设计来说,正确、完整,又有表现力地表达出设计的构思和意图,使建设者和评审人员能够通过图纸、模型、说明等,全面地了解设计意图是非常重要的。在设计投标竞争中,图纸质量的完整、精确、优美是第一关,因为在设计中,形象毕竟是很重要的一个方面,而图纸表达则是设计者的语言,也是必须具备的最基本的能力,一个优秀设计的内涵和表达也应该是统一的。

2. 设计方案的构思

方案构思是方案设计过程中至关重要的一个环节,是借助于形象思维的力量,在设计前期准备和条件分析阶段做好充分工作以后,把分析研究的成果落实成为具体的设计,由此完成从物质需求到思想理念再到物质形象的质的转变。以形象思维为其突出特征的方案构思依赖的是丰富多样的想像力与创造力,它所呈现的思维方式不是单一的、固定不变的,而是开放的、多样的和发散的,是不拘一格的,因而常常是出乎意料的。一个优秀的环境艺术设计作品给人们带来的感染力乃至震撼力无不始于此。

想像力与创造力不是凭空而来的,除了平时的学习训练外,充分的启发与适度的"刺激"是必不可少的。比如,可以通过多看资料、多画草图、多做草模等方式来达到刺激思维,促进想像的目的。

形象思维的特点也决定了具体方案构思的切入点必然是多种多样的,并且更是要经过深思熟虑,从更广阔的构思渠道,探索与设计项目切题的思路来,一般可以从以下几个方面得到启发。

1) 融合自然环境的构思

自然环境的差异对环境艺术设计的影响极大,富有个性特点的自然环境因素如地形、地貌、景观、朝向等均可成为方案构思的启发点和切入点。

最著名的例子就是流水别墅,它在认识并利用自然环境方面堪称典范。该建筑选址于风景优美的熊跑溪上游,远离公路且有密林环绕,四季溪水潺潺,树木浓密,两岸层层叠叠的巨大岩石构成其独特的地形、地貌特点。赖特在对实地考察后进行了精心的构思,现场优美的自然环境令他灵感迸发,脑海中出现了一个与溪水的音乐感相配合的别墅的模糊印象。他对项目的委托人考夫曼先生说:"我希望您伴着瀑布生活,而不只是观赏它,应使瀑布变成您生活中一个不可分离的部分"。建成后的别墅从外观上看,巨大的混凝土挑台从后部的山壁向前方翼然伸出,杏黄色的横向阳台栏板上下左右前后错叠,宽窄厚薄长短参差，产生极为注目的造型。就地取材的毛石墙模拟天然岩层纹理砌筑，宛若天成。四周的林木在建筑的构成之中穿插生长，瀑布山泉顺流而下，自然生态与人工制品浑为一体而交相辉映（图4-2）。

2）把握具体功能要求的构思

更圆满、更合理、更富有新意地满足功能需求一直是设计师所梦寐以求的，具体设计实践中它往往是进行方案构思的主要突破口之一。

在日本公立刈田综合医院康复疗养花园的设计中，由于预算资金非常有限，必须在构思上下足工夫，以满足复杂的功能要求。于是从这片广阔大地的排水系统开始设计，在庭园中央，设计一个排水路以提高视觉效果。同时，特别为轮椅使用者的训练设置了坡路、横向倾斜路、沙石路和交叉路等；为患有生活习惯病的患者，准备了多姿多彩的远距离园路，使患者能在自然中不腻烦地进行康复训练；在花园中还设计了叫做"听觉园"、"嗅觉园"和"视觉园"等圆形露台，在上面设置艺术小品，即使患有某种障碍的患者，在这里也能感觉到自己其他器官的正常功能，点燃生活的希望……所有这些都是在把握具体功能要求的基础上做出的精心构思（图4-3）。

3）反映地域特征和文化的构思

建筑总是处在某一特定环境之中，在建筑设计创作中，反映地域特征也是其主要的构思方法。作为和建筑设计密切相关的环境艺术设计，自然要将这种构思方法贯彻到底。

首先，反映地域特征与文化最直接的设计手法就是继承并发展地方传统风格，着重关注的是对传统符号的吸取和提炼。

绍兴饭店的室内设计，围绕着江南地域的建筑文化，着力渲染传统的"中式"风格。墙上分层式的雕花、顶棚的形式、装饰用的石狮都是对地域性特征的传承（图4-4）。

深圳安联大厦的景观设计，则更

图4-2 流水别墅外景

第四章　环境艺术设计的程序与基本方法

(a)

(b)

(c)

(d)

图4-3　日本公立刈田综合医院康复疗养花园
(a) 花园全景；(b) 听觉园；(c) 嗅觉园；(d) 训练用的交叉路

多的是基于传统文化的创新。建筑北面的空中花园根据楼层的高低不同,其植物的种植图形也取意于《易经》中不同的吉祥卦位,寓意深远,同时又具备了一种现代的表达方式(图4-5)。

其次,我们也要注重对地域特征与文化的重新诠释,力图在设计中表达出一种地域性的文脉感。这种表达不像前一种设计手法那样显露,而是要靠人的感悟而体会。

在上海商城的设计中,美国建筑师波特曼从中国传统园林中汲取营养,完全运用现代的设计手法,将小桥、流水、假山等巧妙地组合在一起,展现出较浓的中国意味。同时上海商城在一些细部的构思上有许多独特之处:中庭里朱红色的柱子、神似斗拱的柱头做法,还有拱门、栏杆、门套的应用等等,都没有一味地沿袭传统符号,而是进行了抽象处理。因此,虽然形式上充满现代感,但仍旧能唤起人们对中国传统建筑的联想(图4-6)。

4)体现独到用材与技术的构思

材料与技术永远是设计需关注的主题,同时,一种独特的或者新型的材料和技术手段也能给设计带来无限灵感,激发创作热情。

位于美国加利福尼亚纳帕山谷的多明莱斯葡萄酒厂是创造性地使用石材的经典之作。为了适应并利用当地的气候特点,设计者赫尔佐格和德梅隆想使用当地特有的玄武岩作为建筑的表皮材料,白天阻热,吸收太阳热量,晚上将其释放出来,平衡昼夜温差。但是周围能采集的天然石块又比较小,无法直接使用。为此,他们设计了一种金属丝编织的笼子,把小石块填装起来,形成形状规则的"砌块"。根据内部功能不同,金属丝笼的网眼有不同大小规格,大尺度的可以让光线和风进入室内,中等尺度的用于外墙底部以防止响尾蛇进入,小尺度的用在酒窖的周围,形成密实的遮蔽。这些装载的石头有绿色、黑色等不同颜色,和周边景致也优美地融为一体(图4-7)。

另外,需要特别强调的是,在具体的方案设计中,同时从多个方面进行构思,寻求突破口(例如同时考虑功能、环境、技术等多个方面),或者是在不同的设计构思阶段选择不同的侧重点(例如在总体布局时从环境入手,在平面设计时从功能入手等等)都是最常用、最普遍的构思手段,这样既能保证构思的深入和独到,又可避免构思流于片面,走向极端。

图4-4 绍兴饭店知遇楼包厢区入口

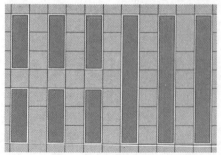

图4-5 安联大厦二十层空中花园取意于《易经》之"地天泰"

第四章　环境艺术设计的程序与基本方法　61

图 4-6　上海商城中庭

图 4-7　多明莱斯葡萄酒厂室内

3. 多方案比较方案阶段的重要环节

1) 多方案比较的必要性

多方案构思是设计的本质反映。我们认识事物和解决问题常常习惯于方法结果的惟一性与明确性。然而对于环境艺术设计而言，认识和解决问题的方式结果是多样的、相对的和不确定的。这是由于影响环境设计的客观因素众多，在认识和对待这些因素时设计者任何细微的侧重就会导致不同的方案对策，只要设计者没有偏离正确的设计观，所产生的任何不同方案就没有简单意义的对错之分，而只有优劣之别。

多方案也是环境艺术设计目的性所要求的。无论是对于设计者还是建设者，方案构思是一个过程而不是目的，其最终目的是取得一个尽善尽美的实施方案。然而，我们又怎样去获得这样一个理想而完美的实施方案呢？我们知道，要求一个"绝对意义"的最佳方案是不可能的。因为在现实的时间、经济以及技术条件下，我们不具备穷尽所有方案的可能性，我们所能够获得的只能是"相对意义"上的，即在可及的数量范围内的"最佳"方案。

另外，多方案构思是民主参与意识所要求的。让使用者和管理者真正参与到设计中来，是"以人为本"这一追求的具体体现，多方案构思所伴随而来的分析、比较、选择的过程使其真正成为可能。这种参与不仅表现为评价选择设计者提出的设计成果，而且应该落实到对设计的发展方向乃至具体的处理方式提出质疑，发表见解，使方案设计这一行为活动真正担负其应有的社会责任。

因此，我们要养成多做方案进行比较的良好的工作方式和习惯。美国著名园林设计师Garrett Eckbo早在学生时期就十分注重多方案比较。为了研究城市小庭园的设计，他在进深7.5m的基地上做了多个不同方案，以探索解决设计问题的多面性（图4-8）。

2) 多方案比较和优化选择

多方案比较是提高做方案能力的一种有效方法，各个方案都必须要有创造性，应各有特点和新意而不雷同。否则就是做再多的方案也无济于事，纯属浪费时间和精力。

在完成多方案后，我们将展开对方案的分析比较，从中选择出理想的发展方案。分析比较的重点应集中在三个方面：

(1) 比较设计要求的满足程度。是否满足基本的设计要求是鉴别一个方案是否合格的起码标准。一个方案无论构思如何独到，如果不能满足基本的设计要求，也绝不可能成为一个好的设计。

(2) 比较个性特色是否突出。一个好的设计方案应该是优美动人的，缺乏个性的设计方案肯定是平淡乏味，难以打动人的，因此也是不可取的。

(3) 比较修改调整的可能性。虽然任何方案或多或少都会有一些缺点，但有的方案的缺陷尽管不是致命的，却也是颇难修改的，如果进行彻底的修改不是会带来新的更大的问题，就是会完全失去原有方案的特色和优势。因此，对此类方案应给

第四章 环境艺术设计的程序与基本方法

图4-8 Garrett Eckbo 为研究城市小庭园做的多个方案
(a) 以自然线形的台地、绿篱和水池组成的庭院空间；(b) 用与基地倾斜的规整平面为主要活动空间，剩余部分用于种植；(c) 以水面、汀步为主的庭院空间；(d) 以45°斜线构成平面骨架，形成简洁规整的庭院空间

予足够的重视，以防留下隐患。

在权衡这些方面定出最终相对合理的发展方案，该方案可以以某个方案为主，兼收其他方案之长，也可以将几个方案在处理不同方面的优点综合起来。

4．设计方案的深入

进行多方案比较之后选择出的发展方案虽然是相对合理可行的设计方案，但此时的设计毕竟还处在大想法、粗线条的层次上，某些方面还存在着这样或那样的问题。为了达到方案设计的最终要求，还需要一个调整和深化的过程。

1）设计方案的调整

方案调整阶段的主要任务是解决多方案分析、比较过程所发现的矛盾与问题，并设法弥补设计缺陷。发展方案无论是在满足设计要求还是在具备个性特色上已有相当的基础，对它的调整应控制在适度的范围内，只限于对个别问题进行局部的修改与补充，力求不影响或改变原有方案的整体布局和基本构思，并能进一步提升方案已有的优势水平。

2）设计方案的深化

要达到方案设计的最终要求，需要一个从粗略到细致刻画、从模糊到明确落实、从概念到具体量化的进一步深化的过程。深化过程主要通过放大图纸比例，由面及点，从大到小，分层次、分步骤进行。而且，为了更好地与业主沟通，恰当地表达也是非常重要的。

在方案的深化过程中，应注意以下几点：

第一，各部分的设计尤其是造型设计，应严格遵循一般形式美的原则，注意对尺度、比例、韵律、虚实、光影、质感以及色彩等原则规律的把握与运用，以确保取得一个理想的效果。

第二，方案的深化过程必然伴随着一系列新的调整，除了各个部分自身需要适应调整外，各部分之间必然也会产生相互作用、相互影响，对此应有充分的认识。

第三，方案的深化过程不可能是一次性完成的，需经历深化——调整——再深化——再调整，多次循环过程，这其中所体现的工作强度与工作难度是可想而知的。因此，要想完成一个高水平的方案设计，除了要求具备有较高的专业知识、较强的设计能力，正确的设计方法以及极大的专业兴趣外，细心、耐心和恒心是其必不可少的素质品德。

第五章　环境艺术设计方案表达基础

第一节　环境艺术设计方案表达的基本形式

环境艺术设计方案的表达是设计的一个重要环节,方案表达是否充分,是否具有美感,不仅关系到方案设计的形象效果,而且会影响到方案的社会认可。设计表达既是向其他人展示设计成果的手段,也是自己在设计过程中反复推敲的一个必然过程。依据目的性的不同方案表现可以划分为设计推敲性表达与展示性表达两种。

1. 设计推敲性表达

推敲性表达是设计师为自己所表现的,它是设计师在各阶段构思过程中所进行的主要外在性工作,是设计师形象思维活动的最直接、最真实的记录与展现。它的重要作用体现在两个方面:其一,在设计构思过程中,推敲性表达可以具体的空间形象刺激强化设计师的形象思维活动,从而便于引导、启发创新性设计思维的产生;其二,推敲性表现的具体成果为设计师分析、判断、抉择方案构思确立了具体对象与依据。推敲性表现在实际操作中有如下几种形式。

1) 草图表达

草图是通过线条、图形及符号,对创作设计中形象、空间环境的构思记录和在方案推敲、构图筹划等等工作时绘制的非正规的表现图,它是实现设计表达目标中不可缺少的手段和过程,设计草图的特殊作用是不可低估和无法预见的(图5-1)。

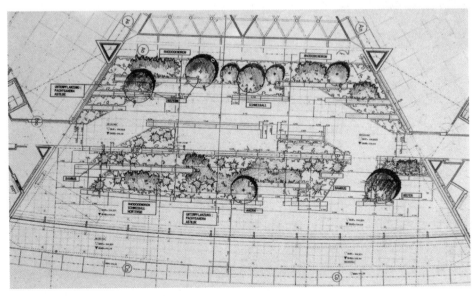

图 5-1　外部环境设计草图

2) 草模表达

与草图表现相比较，草模表现则显得更为真实、直观而具体，由于充分发挥三维空间可以全方位进行观察之优势，所以对空间造型的内部整体关系以及外部环境关系的表现能力尤为突出。草模表现的缺点在于，由于模型大小的制约，观察角度以"空对地"为主，过分突出了第五立面的地位作用，而有误导之嫌。另外由于具体操作技术的限制，细部的表现有一定难度。

3) 计算机辅助设计表达

计算机正以亲和的人机界面和分析、模拟、检验、修改、复制的强大功能为设计人员提供了无限广阔的艺术创作空间。计算机在环境艺术设计表达中，可以逼真地表现建筑的形象、建筑室内外空间环境、城镇规模与环境的空间效果和物体的质地、光色效果。计算机在辅助艺术设计构思中"恰恰不会削弱一个构思的创造性，计算机反而可以激发设计师的灵感，帮助发展原始的设计构思。并且，构思方案还可以随时以线框模型的形式在屏幕上显示出来。计算机除了可以完成传统的人工绘画、绘图、图形设计及施工图的设计表达以外，它还可以与影视表达结合起来，将设计预想的形象与环境艺术效果，按照电影、动画的技术模拟连续地、多角度、多层面地播映，更有助于方案的推敲和表达（图5-2）。

4) 综合表现

所谓综合表现是指在设计构思过程中，依据不同阶段、不同对象的不同要求，灵活运用各种表现方式，以达到提高方案设计质量之目的。例如在方案初始的研究

图5-2　计算机辅助设计的效果图

布局阶段采用草模表现,以发挥其整体关系、环境关系表现的优势;而在方案深入阶段又采用草图表现,以发挥其深入刻画之特点,等等。这也是现在较为常用的一种表达方式。

2. 展示性表达

展示性表达是指完整、准确表达设计师设计意图的表达形式。其具体的基本形式有:

1)三视图

三视图是绘画表达方法由感性走向理性,并由徒手绘画转向尺规绘图的重要方法。由于三视图从3个方向来看物体的3个正投影图,以严格精确的尺度为依据,遵守制图规范的原则,因此,三视图是艺术构思、表达走向科学思维、表达,并能付诸于工程实际的图面语言表达。三视图分为正视图、侧视图和俯视图。

2)施工图

施工图是在对"设计物"的造型或整体布局、结构体系等大体定位的基础上再重点考虑材料、技术工艺措施、细部构造的详细设计与表现。施工图设计与表现应包括:总平面图、局部平面图、各立面图、剖面图、节点大样图、局部构造详图及有关的各种配套图纸和说明(图5-3)。由于施工图是把艺术创作设计形成的事物形象与空间环境通过技术手段转化成现实中的事物形象与空间环境,这种由理想转

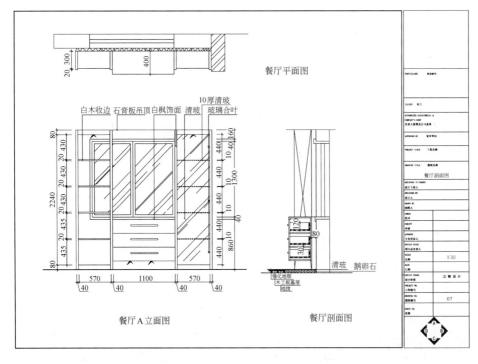

图5-3 施工图

化为现实的过程,要求在具体绘制表现之前,对材料制作工艺及内在结构关系进行分析、研究、计算,这就要求设计人员必须具备相应的考虑具体施工过程中的工程技术、工期、造价、安全等一系列问题。要求施工图正确无误,以便能将设计最终变成现实,避免发生事故,造成不应有的损失。建筑设计、环境艺术设计、公共艺术设计等等设计专业都是通过工程图学的表达方法,将艺术设计推向实际。

3)效果图

(1)人高透视图

人高透视图是根据施工图、透视原理和绘画技巧在二维的平面上设计表达出事物形象的三维体量及空间环境关系,以人的视线高度为基准的三维视觉效果图(图5-4)。图面出现的效果与人平常所观察到的景物角度较为相似,有一定的亲切感。

(2)鸟瞰图

鸟瞰图是在总平面图或平面图基础上,在设定的空间高度上面,选择一定的角度俯视设计物以及空间环境所得到的视觉画面(图5-5)。鸟瞰图即俯视图,它用来表现设计物在大环境中的整体布局、地理特点、空间层次、结构关系等一系列具体的特定设计,它是环境艺术设计整体关系的效果图。

(3)轴测图

一种区别于一般透视规律、具有创造三维空间的独特的轴测投影画法,也可反映环境艺术设计整体关系,与鸟瞰图相比具有绘制便捷的优点。

4)模型

将创作设计得到的理想化事物,按照一定的比例关系缩小,使用各种材料将其制作成具有空间效果的立体模式,它是绘画手段的立体化,工程图学的实际仿真,具有显著的手工艺性质和真实可信的直观性。因此,它同样具有广泛的使用价值(图5-6)。

图5-4 人高透视的景观效果图

第五章 环境艺术设计方案表达基础

图5-5 鸟瞰图

图5-6 外部环境规划草模

总之，展示性表达是指设计师针对阶段性的讨论，尤其是最终成果汇报所进行的方案设计表现。它要求该表现应具有完整明确、美观得体的特点，以保障把方案所具有的立意构思、空间形象以及气质特点充分展现出来，从而最大限度地赢得评判者的认可。因此，对于展示性表现尤其是最终成果表现除了在时间分配上应予以充分保证外，尚应注意以下几点：

第一，绘制正式图前要有充分准备。

绘制正式图前应完成全部的设计工作，并将各图形绘出正式底稿，包括所有注字、图标、图题以及人、车、树等衬景。在绘制正式图时不再改动，以保障将全部力量放在提高图纸的质量上。应避免在设计内容尚未完成时，即匆匆绘制正式图。那样乍看起来好像加快了进度，但在画正式图时图纸错误的纠正与改动，将远比草图中的效率为低，其结果会适得其反，既降低了速度，又影响了图纸的质量。

第二，注意选择合适的表现方法。

图纸的表现方法很多，如铅笔线、墨线、颜色线、水墨或水彩渲染以及粉彩等等。选择哪种方法，应根据设计的内容及特点而定。比如绘制一幅高层住宅的透视图，则采用线条平涂颜色或采用粉彩将比采用水彩渲染要合适。最初设计时，由于表现能力的制约，应相对采用一些比较基本的或简单的画法，如用铅笔或钢笔线条，平涂底色，然后将平面中的墙身、立面中的阴影部分及剖面中的被剖部分等局部加深即可。亦可将透视图单独用颜色表现。总之，表现方法的提高也应按循序渐进的原则，先掌握比较容易和基本的画法，以后再去掌握复杂的和难度大的画法。

第三，注意图面构图安排。

图面构图应以易于辨认和美观悦目为原则。如一般习惯的看图顺序是从图纸的右上角向左下角移动，所以在考虑图形部位安排时，就要注意这个因素。又如在图纸中，平面主要入口一般都朝下，而不是按"上北下南"来决定。其他如注字、说明等的书写亦均应做到清楚整齐，使人容易看懂。图面构图还要讲求美观。影响图面美观的因素很多，大致可包括：图面的疏密安排，图纸中各图形的位置均衡，图面主色调的选择，树木、人物、车辆、云彩、水面等衬景的配置，以及标题、注字的位置和大小等等，这些都应在事前有整体的考虑，或做出小的试样，进行比较。在考虑以上诸点时，要特别注意图面效果的统一问题，因为这恰恰是初学者容易忽视的，如衬景画得过碎过多，或颜色缺呼应，以及标题字体的形式、大小不当等等，这些都是破坏图面统一的原因。总之，图面构图的安排也是一种锻炼，这种构图的锻炼有助于设计意图的表达。

第二节　环境与景观设计徒手表达基础

环境与景观设计徒手表达的手段因所运用的工具不同，有钢笔、铅笔、水彩笔（马克笔）等不同的表达技法和画面效果。作为徒手表达基础，钢笔速写最具特色，应用也最广泛,因此这一节着重对环境与景观钢笔速写(以下简称景观钢笔速写)技法做简单介绍。

1. 景观钢笔速写概述

1)景观钢笔速写的特征

因钢笔不可擦拭修改的特性而使钢笔速写具有"落笔生花"的特征和强烈的黑白对比画面效果。使用钢笔速写有助于初学者养成"意在笔先",对整个画面必须有一个统筹思考的习惯,从而培养其从整体出发的观念。

从整体出发把握景物内在的有机联系是绘画和设计的灵魂。景观钢笔速写一个重要的目的和功能就是通过速写练习提高把握景物整体性的能力。

另一方面,钢笔墨水的层次性不如铅笔或炭笔丰富,但强烈的黑白对比和线条的力度美正是钢笔速写的又一大特征。这就要求绘画时能够从复杂的景物中提炼出最能够表达结构的线条,以简洁明快的手法表现出物体的比例、结构、造型特征,而不被光线、明暗变化、色彩等外部因素所干扰。

景观钢笔速写可以培养其面对复杂的景物去繁就简、突出主体特征的能力,克服那种不分主次、面面俱到的毛病,获得简洁明快的具有感染力的生动画面(图5-7)。

进行钢笔速写只需准备一本速写本、一支钢笔,工具简单便于携带,可以随时记录自己对景物的感受。有人说,作为景观记录、资料收集,照相机不是更快吗?的确如此。但钢笔速写除其本身已是一画种外,对于从事设计工作的人员而言,身

图5-7 蘑菇亭

临其境去体验、观察、概括、归纳景观的过程就是一个学习的过程,落在纸上的就是心得与意念。而照片虽然百分之百地反映了客观景物的所有映像,但其中缺乏人的感性认识。两者是不能相互替代的。

2)景观钢笔速写语言

(1)线的魅力

线是钢笔速写最基本的元素,无论粗细、长短的线条其运行速度的快慢与起承转折的变化,都会产生不同的韵律和节奏,并赋予了线条本身的审美意义和生命力。如图5-8不同的线会对人产生不同的视觉与心理的感受(图5-9和图5-10)。

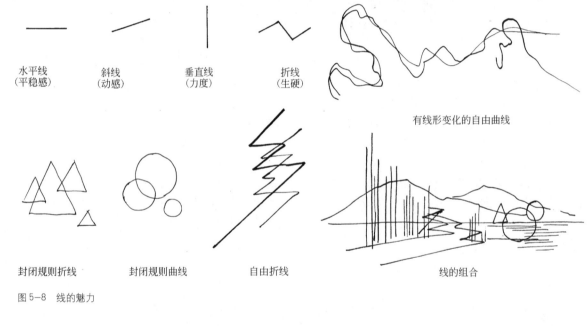

图5-8 线的魅力

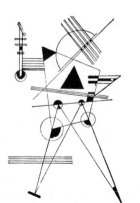

图5-9 康定斯基《黑色三角》
(图片来源:点线面——绘画元素分析论63页.北京:书目文献出版社,1987)

永(唐 孙过庭 书谱)

进(唐太宗)

图5-10 太行民居(李慧玲)

(2) 线的排列

人们尽管可以从单线的变化中体验到一定的审美意义,但是难以构成有效的面积或体积,只有通过对线的排列组合才可以表现出景物的空间关系、明暗关系和质感(图 5-11)。

(3) 单线速写

单线是中国画白描的"灵魂"。钢笔单线速写具有简洁、明快、优美的感觉,可以从中国画白描、书法中汲取营养。但钢笔单线速写重在训练初学者的观察与用线的能力,只有通过大量的不间断练习,钢笔画出的线条才能"下笔如有神",做到造型准确,高度概括,有表现力和美感。

钢笔单线速写在表现景物的整体性、概括性方面有独到之处,尤其是表现树木的枝杆结构与姿态美以及山势的特点则更为难得(图 5-12 和图 5-13)。

钢笔画出的线是有生命而千变万化的,不仅能够刻画出物体的轮廓、结构,也可以在一定程度上表现物体的明暗、体积和质感。

(4) 线面结合

在线的排列中我们可以看到,线能够形成面,线的疏密变化可以表达物体的光影体积。因此,要表现建筑、景物在光线的照射下,强烈的形体轮廓和明暗对比以及生动、丰富、响亮的画面,单线刻画就显不足。

线面结合的表现语言又称为明暗画法。可以利用钢笔线条的疏密画出丰富的层次和强烈的黑白对比效果。

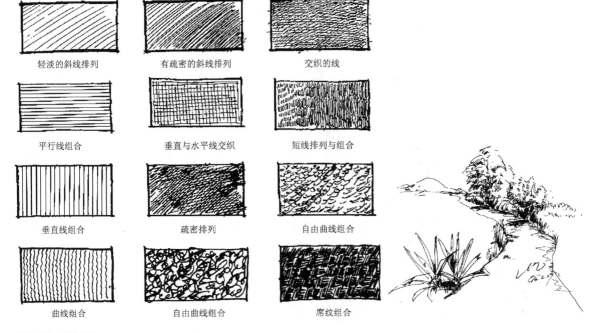

图 5-11 线的组合

图 5-12 林中小路

图 5-13 太行山桃花洞
(李慧玲)

在处理物体的背光面即阴暗面与受光面时,钢笔速写往往采用适当拉大明暗反差,加强黑白的对比,这样一方面可以突出中心景物,另一方面也可以突出钢笔速写的特性(图5-14)。

3)景观钢笔速写的取景与构图

(1)取景

所谓取景就是选景。我们知道拍影视剧要选外景地,那是由于摄像机的"忠诚",导演不得不为了某种画面立意而千辛万苦去被动地寻景,甚至造景。而景观钢笔速写的取景,则是有选择地取景,对于画面中多余的物体可以舍弃不画,不足的可以从它处"借"来弥补。取景、造景的过程就是作者立意、选择的过程,通俗地说就是准备画什么、从什么角度去表现更理想。因此,取景时要做

图5-14 苏州民居(李慧玲)

到心中有数，所取之景要符合你的表现意图；同时要在头脑中形成一幅完整的画面构图。

(2) 构图

所谓构图就是画面安排、经营位置，即将各种绘画因素（如线、形色等）在画面中进行位置安排，运用远、中、近景的空间处理来突出主题景物。

(A) 近景构图：近景构图适合表现小的景致，可以比较细致、详尽地表现景物或者其局部特征，多用于收集景观小品资料。其表现的主题重点明确，描画深入细致，印象深刻而有趣味（图5–15）。

(B) 中景构图：中景构图可以较完整地表现景物的空间层次和相互关系，适合表现一般场景；相对内容较多，要注意重点突出和环境气氛的创造（图5–16）。

(C) 大景：用近、中、远景的景物组成连续变化的宏大景观场面是其特点，适于表现村落、城市等整体景观。

大景观画面，对于初学者一般不易把握，要求作者对感受的主体内容作丰富、整体、连贯的描绘。当然，这里的主体不是某一单一景物，也许是连绵的山峰动势、或者是村落屋舍的空间错落布置等等，类似音乐中的交响乐，既要有主旋律，也要有其他衬景烘托、呼应（图5–17）。

图5–15 芭蕉与石

图5–16 林中小路（李慧玲）

图 5-17 太行山桃花谷
（李慧玲）

(3) 取景与构图的基本原则

"法无定法"，取什么样的景，如何构图来表达作者内心的感受与体验，因人、因景、因时而都有不同。因此，取景与构图没有规定的模式法则，但多样统一变化中求得均衡是其基本的原则。

(A) 画面景物主体位置、体量适当

(B) 画面景物主体突出、空间层次丰富

国家要有领袖，戏剧中有主角，绘画的画面也要有主体景观，为了突出主体景观需要画出相应的环境景观来衬托。

所谓空间层次就是在刻画过程中不能平均对待景物，主体景观要刻画得详实，多用些笔墨，而衬景则要画得简略一些。

另一方面，在画面安排上要有远、中、近景，只有相互衬托才能使画面空间丰富。这里的空间感受和表达在本质上就是感受和体现了景物的美（图 5-18）。

我们画一处景物，不是被动地画风光景观，而应主动从历史、风俗、文化、地理、生活习惯等等大环境中进行了解，使之纯感性认识上升到理性认识。在绘画过程中因个人的修养、爱好不同对于美的理解与感受存在着差异，但敏锐的观察能力与空间安排控制能力则是可以逐步培养的，同时也是必须具备的。

(C) 画面景物虚实得当

所谓虚实就是画面的线条疏密关系，景物的主次关系，画面的对比关系。虚与实、疏与密、黑与白都是一种对比，任何一种艺术都讲究对比的艺术效果。没有对

图5-18 湖心亭（李慧玲）

比则平淡，对比无度则杂乱。景观钢笔速写画面的对比关系则主要通过线条的疏密组织、繁简处理来获取。

"疏密"指的是单位面积内线条密度。"繁简"是指刻画景物时的复杂程度。疏密繁简程度不同可取得黑、白、灰的画面效果。

疏密、繁简和取舍是景观钢笔速写的"精髓"和难点。面对复杂的景物，初学者最容易犯的错误就是像照相机一样见什么画什么，不能够从画面构图、主从、层次等关系出发，宜简则简，宜繁则繁，繁物简叙，简物繁述。

疏密繁简处理得当就可以把复杂的空间层次有条不紊地表现出来。中国画创作有"宽能跑马，密不藏针"的"聚散"理论，可以为我们景观钢笔速写的疏密繁简处理提供借鉴。

一般而言，主体景物都要着重刻画，而周围的环境可以做概括处理，复杂的物体可以简化。对于光影的调子，景观钢笔速写可以采取高光法，即像照片放大时的"白化"处理，周边四角逐渐淡出乃至空白（图5-19）。

图5-19　襄城老街

这样做的优势在于，一是可以使平面的布局形成生动的图形；二是可以借此舍去无用的因素以增强构图的凝聚力；三是可以利用对环境景物的淡化处理强调空间的表达和趣味中心的突出；四是能暗示画外的空间，为画面增添想象的余地。

从虚实角度讲，高亮度"线面"和空白为虚，低亮度"线面"和黑块为实。巧妙地应用和把握好虚实关系，是景观钢笔速写的关键所在。多比较、勤思考，尽可能地用最少的线条表达丰富的景致和深远的意境是景观钢笔速写的目标和方法。

2．景观钢笔速写基础技法

1）树的画法

初学景观钢笔速写的同学外出写生感到最难画的就是树。认为树无定形，在加上层层叠叠的树叶就更难把握。

第一，要学会观察树形。

无论是什么树从整体上看都可以归纳出基本的形态。如，雪松可归纳为圆锥体，圆柏可归纳为圆柱体，其他阔叶树多由近似球体或多球体组合等等。当然，在自然界中的树木很少呈现完整的几何形，都是比较丰富多姿和有灵性的。如果刻板地去用几何形体去画，就太呆板了（图5-20,图5-21）。

树冠接近于单个球体的多为树龄较小的阔叶树,接近多个球体的多为树龄较大的阔叶树。这样归纳的目的是便于把握和理解树冠的形态，在实际速写过程中的树要复杂和生动得多。

对于常绿针叶树木，在速写时要注意笔锋线条的变化应用，概括其大的形态。

第二，要注意树木整体的明暗调子和景物与景物之间的关系。

画树木的明暗调子要注意观察树叶的基本形态，并以此基本形态来刻画。如针叶树、近于圆形的阔叶树和卵圆形的阔叶树等等。

我们以树叶的基本形态为笔触来画树，不要被密密麻麻的叶子所迷惑，要分析它的大层次、大体面的受光度，并从整体上来把握其黑、白、灰的层次。

树干、树叶也是构成自然景观的一部分，挺拔的白杨树与背景的建筑从形态到线条都形成一种对比，展示一种空间的辽阔和白杨树的高大。白杨树轻松明快的明暗与建筑明暗形成对比中的统一。

第三，树木的外轮廓刻画。

树冠的外轮廓是自然起伏、疏密相间而活泼的，一方面要注意树叶与天空形成的黑白对比关系，另一方面要注意轮廓不能画死，大面积受光部分可以提亮来画（图5-22和图5-23）。

第四，树木的层次。

一般而言，前面的树笔触重，后面的远处的树笔触轻。近树的笔触要有叶的形象，远树则不宜强调叶的笔触，有一个面或大的体量就够了（图5-24）。

第五章 环境艺术设计方案表达基础

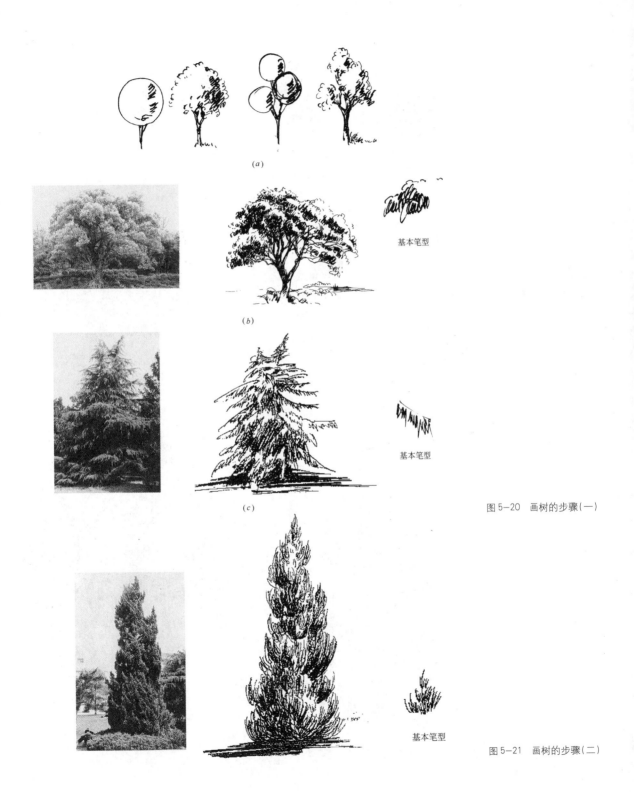

基本笔型

(b)

基本笔型

图 5-20 画树的步骤(一)

基本笔型

图 5-21 画树的步骤(二)

图 5-22　白杨（李慧玲）　　　　　图 5-23　小灌木

图 5-24　杭州西泠印社

第五，树的枝干画法。

树的枝干主要用线来刻画，受光面要用细线，背光面用线较粗。线的粗细变化还要依据枝干质感来确定。如较嫩的枝条用线就要流畅圆润，而多年的老枝干用笔则要枯涩一些。

在枝干的组织方面，要分析树木生长的规律，并以此去展开，最忌越画越多，要依据画面的需要而组织、取舍（图5-25）。

2）山石画法

山与石是自然景观的重要组成部分。山观势，石察形。也就是说在速写时要感受山的气势，或雄浑，或挺拔，或俊秀，不同的地貌特征与形态对于画面的空间布局有着直接的影响；而石头则着重体味其形态和肌理对于你的感受。

中国传统绘画利用散点透视把握山脉的宏伟气度，并为了表现不同的山石结构、质感，创造了许多皴法，如长短披麻皴、乱麻皴、大小斧劈皴等等。这些皴法是为了表现山、石的结构、纹理和质感，都是经过前人长期摸索总结出来的。因此，面对山，石进行写生时，可以利用线条的粗细、刚柔、快慢的变化来抒写胸中的感受。

石的画法和山一样，只是更具体。"石分三面"是从明暗的黑、白、灰角度而言的，更深一层的意思就是要善于把握石头尤其是不规则的自然石的体面关系，至少概括出三个面来，才能表现出它的体积感、质感和量感。

图5-25　城市小溪

在速写中，山用来作远景时，要用简洁的线条画出山的走势与主体形态，作虚处理（图5-26）。

如果以山体为主景进行速写，就要考虑山峰的主次、朝向和质感（图5-27）。

在中国传统园林中筑石是重要的理景手段。因此，以组石为速写对象时重点在于把握石的形体结构与相互间的关系（图5-28）。

我国的山水画的发展到宋代已成为独立的画种，此后山水画的技法与理论历代大师都有精辟的论述以及诸多优秀的山水作品可供我们学习借鉴。

自然景观是最能激发绘画灵感的，只有不断地在速写中观察、感受使自己的思想情感与自然景观融为一体，才能不断提高速写技巧，下笔如有神。

3）天空、地面、水面的画法

(1) 天空

一般情况下，景观钢笔速写画面的天空大面积留白，但有时为了创造特定的环境气氛也可以用简洁的线条画出云的形态。

图5-26 太行山
（李慧玲）

第五章　环境艺术设计方案表达基础

图 5-27　太行石板岩村
（李慧玲）

图 5-28　立石小品

云的造型、走势在整幅构图中也是非常重要的，要根据画面主体景物的动势及空间需要做概括的生动处理（图5-29）。

（2）地面

根据不同质感的地面铺装进行有针对性的刻画，如条块状的砖、石等最忌讳一块一块地铺排，这样往往会喧宾夺主，毫无意义，只需要画出局部的典型形态和整体的感觉，在这里线条描绘的是暗部的阴影印象。当然，这些缝隙的阴影要注意虚实和近疏远密的变化。

另一方面，地面也可以用大面积的"飞白"线条和点来表现（图5-30和图5-31）。

（3）水面

自然景观中，水的灵动和带给人的遐思是最让人感兴趣的。因为，无形、无色的水在环境中也是有色彩和明暗变化的。可以用横排的疏密有序的线条表现平静的水面。具体到不同形态的水体，具体的技法、线条也相应地变化。水中倒影的表现是水面质感表达的关键（图5-32）。

图5-29　云与水（李慧玲）

图5-30　杭州云栖竹径

4）景观小品

景观小品速写是环境艺术设计者平时搜集设计资料的重点对象，因此景观小品就成为画面的主体和构图中心。

在景观小品速写的过程中要注意其造型与肌理的刻画以及相应的环境关系，可以通过虚实、明暗和近、中、远景的安排来突出主体景观（图5-33和图5-34）。

从这两幅作品的实际景观的照片对比中，我们可以发现景观速写的取景构图及大胆地舍弃影响景观空间的物象和主次关系的主观处理是难点，也是表现速写艺术性自我感受的重要方面，同时也是景观速写区别于照相机的根本所在。

5）景观钢笔速写的原则

（1）要学会观察与分析

从事环境艺术设计必须具备的素质就是具有敏锐的观察能力和高尚的审美修养。

敏锐的观察与分析能力是在生活中发现美的因素的基础。我们对于景观，无论是自然的还是人文的都应该从历史、风俗、文化、地理、经济等方面作全面的了解，也就是从感性到理性的一个认识过程；只有如此才能了

图5-31　园路

图5-32　小溪

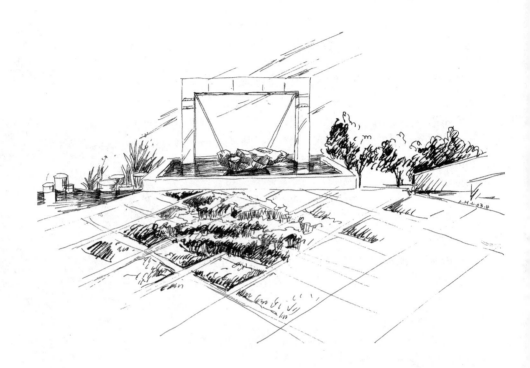

图 5-33 景观小品

图 5-34 着重对喷泉的造型和水体岸边的肌理进行刻画,远景和近景则进行虚处理。

解景观的真正内涵和意义。

另一方面景观钢笔速写又是一种极具魅力的绘画形式,除记录的功能外更重要的是在写生的过程中融入自我的情感与激情并通过线条表现出来。"外师造化,中得心源"的中国古代画论对于景观钢笔速写依然适用,多观察、多练习、多临摹、勤思考、善分析是学习的根本,也是学习的永恒原则。

(2) 正确处理好整体与局部的关系

首先是观察的整体性。环境艺术是整体的艺术,一草一木、一砖一石都体现了设计者的意图;从色彩到造型,从肌理质感到施工工艺都是整体中的一部分,都是构成环境氛围的因素。因此整体地观察是体验、分析环境作品的前提。

其次所谓画面的整体,就是画面各种对比统一关系的总和。也就是画面的各种素描因素关系的协调。如:明暗关系、结构关系、透视比例关系、主次关系、疏密关系等等。其基本的方法就是反复地比较,一幅画中没有哪一笔和哪一个局部的对与错,其正确与否取决于它在整体关系中位置和所表达的对比统一关系的正确与否。该留白的地方没有留,该深下来的不够深,该虚的地方没有虚,就会出现"乱"与"花"。

整体观察局部入手,局部的描绘要服从整个全局处理。如果局部的东西与表现的整体不协调,就应该舍去。

(3) 正确处理好繁与简的关系

自然景物千头万绪,细节无穷,景观钢笔速写不可能也不需要像照相机那样完全记录下来。速写最忌的是照抄、模仿对象,应从主观的感受与理性分析出发对现实的景观有所取舍;取的是与主题相关的形体,舍的是无关的细节;追求虚实对比,以白当黑,营造含蓄而意境深远的氛围是我们的最高追求。

(4) 正确处理好似与不似的关系

中国画大师齐白石说过:太似又俗媚,不似又欺世。妙在似与不似之间。写生的造型准确是最基本的要求。但这里的准确不是照相式的,而是有理解、有重点地描绘,难得的是神似。对于环境艺术而言就是抓住环境氛围的精髓。

6) 景观钢笔速写的步骤

(1) 取景、构思与立意

面对景物,经过观察分析以后就要将自己的感受整理、取舍、提炼出一个构思主题,确定一个刻画的主体对象。

(2) 构图、布局

根据构思立意的主题内容确定构图的具体形式。对于景观钢笔速写而言要做到"胸有成竹",画面的布局安排在落笔之前要认真谋划、经营,一旦开始画就要大胆,线条肯定而留有余地。

(3) 局部入手、整体经营

画速写一般从主体景物入手,逐步展开,并随时注意主体的概括、取舍、归纳、组织、空间层次、疏密、虚实等关系的协调。

具体可以用"虚线"先勾画出大体轮廓,然后做初步描绘。原则上远景要画得虚一些,中景或近景要实。

(4)统一调整

当完成各个局部景物的刻画后,要对整个画面进行统一调整,使各个局部之间更加协调。调整要从整体出发,通过调整画面的黑白布局关系,使作品更加完整(图5-35)。

图5-35 竹(李慧玲)

第三节　环境艺术设计画图基础

1．线条图

线条图要求所作的线条粗细均匀、光滑整洁、交接清楚，因为这类图纸是以明确的线条描绘物体的轮廓线来表达设计意图的，所以严格的线条绘制是它的主要特征。图纸上不同粗细和不同类型的线条都代表一定的意义。诸如：

实线——表示建筑物形体的轮廓线；

细实线——表示形体尺寸和标高的引线；

中心线——表示形体的中轴位置；

轮廓线——表示形体外形的边缘轮廓线；

剖切线——表示被削切部分的轮廓线。

此外，工具线条图中常用的线条还有：

虚线——表示物体被遮挡部分的轮廓线；

折断线——表示形体在画面上被断开的部分。

1）工具线条图的工具使用和作图要领

使用绘图工具（丁字尺、圆规、三角板等）工整地绘制出来的图样称为工具线条图，它又可以分为铅笔线条图和墨线线条图两种，主要是因使用不同绘图工具而区分。

（1）常用绘图工具

常用绘图工具见图5-36。

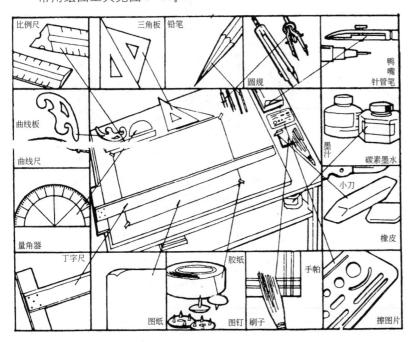

图5-36　常用绘图工具

(2) 丁字尺和三角板

丁字尺和三角板是最常用的工具线条绘图的工具，使用前必须擦干净，使用的要领是：

——丁字尺尺头要紧靠图板左侧，它不可以在图板的其他侧向使用；

——三角板必须紧靠丁字尺尺边，角向应在画线的右侧；

——水平线要用丁字尺自上而下移动，笔道由左向右；

——垂直线要用三角板由左向右移动，笔道自下而上（图5-37）。

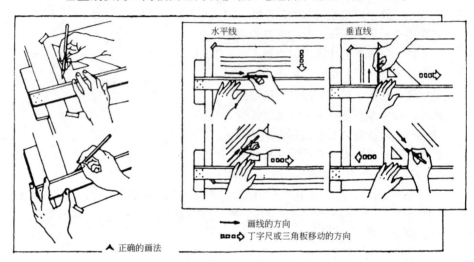

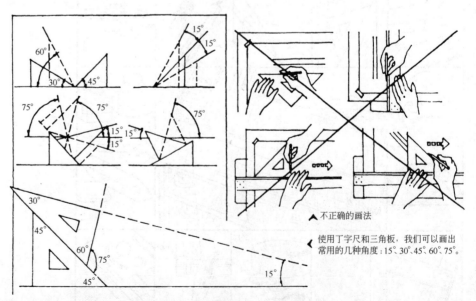

图5-37 丁字尺和三角板绘图方法

(3) 比例尺

一般比例尺呈三棱形，有六种比例刻度；片条形的比例尺有四种，它们还可以彼此换算。比例尺上刻度所注的长度，就代表要度量的实物长度，如1∶100比例尺上1m的刻度，就代表了1m长的实物。因为实际尺上的长度只有10mm，即1cm，所以用这种比例尺画出的图形上的尺寸是实物的100倍，它们之间的比例关系是1∶100。

2) 运笔和线条

(1) 铅笔、铅笔线

铅笔线条是一切建筑画的基础，通常多用于起稿和方案草图。铅笔线条要求画面整洁、线条光滑、粗细均匀、交接清楚。

(2) 直线笔、针管笔和墨线线条

直线笔用墨汁或绘图墨水，色较浓，所绘制的线条亦较挺；针管笔用碳素墨水，使用较方便，线条色较淡。直线笔又名鸭嘴笔，使用时要保持笔尖内外侧无墨迹，以免洇开；上墨水量要适中，过多易滴墨，过少易使线条干湿不均。

2．平、立面图配景图例表达

1) 植物图例表达

树木种类繁多，其枝叶叉杂、相互交织、有疏有密、形态多变，不易表现。但树木也有共同点：树必有干、枝从干长、叶从枝生；而树枝偏离树干的整体形状，树干和树冠的相互对比，是决定树木整体形状的突出因素。所以，绘图前必须对所表达的树木，从树干特征到树枝结构，从叶片形状到树冠整体，进行认真地观察、分析、研究，从而了解和掌握树木的特点，抽象出简单的轮廓线来表示各种树木。

(1) 平面图中树木的表示

(A) 树木的平面符号

树木在平面图中是以有一定线条变化的象征圆圈作为树冠线符号来表示。符号可简可繁，最简单的可以是一个象征性圆圈，最繁杂的可以是树木、树枝和树，相互缠绕、交织成的图形，一般常用的是由变化线条画出的圆圈来表示，以达到区别一定的树木种类的效果。在方案设计图中，树冠线符号只要能给工程施工提供依据即可，因此，要求表示的符号简单清晰，能区别不同的树木种类，直观效果强。这不同于建筑图上的树木图形，建筑图上的树木图形是作为配景图形，要求能协调、衬托画面，因此要求具有装饰性的图案花纹。

(B) 树木种类的平面图表示法

树木的种类，在平面图中是以树冠线平面符号表示的。在同一图样中，对不同种类的树木，树冠线平面符号应采用变化的不同线条画出；树木种类相同，树冠线平面符号也相同。对各类树木的表示，没有具体的标准可循，因此，树冠线平面图符号的变化线条一般是根据所表示的树木的树叶的形状进行推敲、抽象、简化。

(C) 树木形状的平面图表示法

在平面图上,树木的形状是通过描绘树冠线平面符号来表示的。对有些规则变化的树木:一般按比例用一定的线条描绘出象征性圆圈作为树冠线平面符号;对不规则形状的树木,则按一定构思描绘出不同规则的树冠线平面符号。

(D) 树木大小的平面图表示法

不同的树木,其树干和树冠的大小也不同;就是同一种树木,树龄不同,其大小、形状也不同。树木的大小,通常是用树木树冠线平面符号的大小来表示。表示哪一种树木或同一种树木描绘为哪一种成形效果,要根据设计意图、图纸用途、图面要求确定,并根据所表示树木应有的树干和树冠的直径按比例画出。

对所示树木的成形效果,没有特别要求时一般从下述几方面考虑确定:

(a) 若表示施工当时的成形效果,则按苗木出圃时的规格绘出。一般取干径1~4cm,树冠径1~2m。

(b) 若表示现状树,则根据现状实际成形效果,按比例表示。

(c) 对原有大树、孤立树,可根据图纸的表现要求,将树冠径适当描绘得大一些(图5-38)。

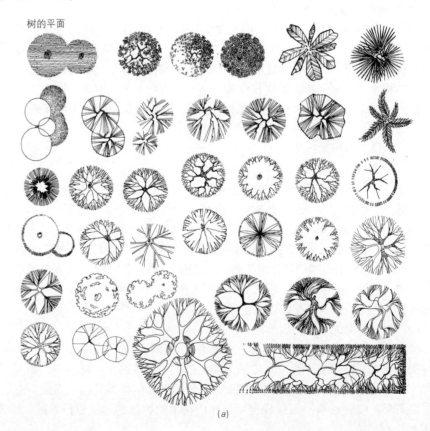

图5-38 平面树的表达示例(一)

(a)

图 5-38 平面树的表达示例(二)

(b)

(2) 立面图中树木的表示

树木的种类繁多、姿态万千，各种树木的树形、树干、叶形、质感各有特点，差异很大。树木的这些特点，在树木的平面图中是反映不出的，而在树木的立面图中就可得到较精确的表现，立面图中通过对树冠形状、树叶特点、树木枝干的组合和大小以及树木的粗细、形状和长度等的描绘，使树木的特征、树枝形态、树叶形状及树冠轮廓等特征得到更好的表现。树木在立面图上的画法，既可用以实物为对象进行描绘的写生法，也可用只强调树冠轮廓，省略细部或在细部位置以一些装饰性线条表示的所谓图案法描绘(图 5-39 和图 5-40)。

(3) 灌木和花卉的表示方法

灌木是无明显主干的木本植物，与乔木不同，灌木植株矮小，近地面处枝干丛生，具有体形小、形变多、株植少、片植多等特点。因此，灌木的描绘和乔木相似，但也有其特点。

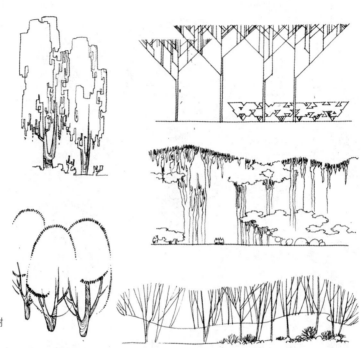

图5-39 装饰性立面树的表达示例(一)

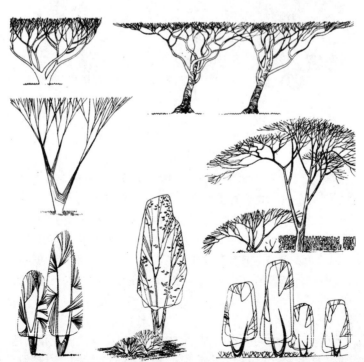

图5-40 装饰性立面树的表达示例(二)

由于灌木体形小、形变多、株植少、片植多，所以，在平面图上表示时，株植灌木的表示方法与乔木相同，即用一定变化的线条描绘出象征性的圆圈作为树冠线平面符号，并在树冠中心位置画出"黑点"表示种植位置；对片植的灌木，则用一定变化的线条表示灌木的冠幅边，绘图时，用粗实线画出树木边缘之轮廓，再用细实线与黑点表示个体树木的位置。画树冠线要注意避免重叠和紊乱，一般将较大的树冠覆盖于较小的树冠上面，而较小的树冠被覆盖的部分不画出。对常绿灌木则在树冠线符号内加画45度细斜线表示。

2）人物及车船的表达示例（图5-41和图5-42）

图5-41　人物表达示例

图5-42 小型汽车表达示例

第四节 钢笔淡彩表达基础

1. 色彩的基本知识

色彩来源于光的照射。不同的物质对于日光光谱中的颜色反射和吸收不同,形成了各个物质所固有的颜色。

1)颜色的色相

绘画用的颜料有各种颜色的差别,称为色相。红、黄、蓝三种颜色可以互相调配,如红+黄:橙;黄+蓝:绿;蓝+红:紫。红、黄、蓝称为原色,橙、绿、紫称为间色。间色彼此调配,如橙+绿:黄灰,绿+紫:蓝灰,紫+橙:红灰。黄灰、蓝灰、红灰称为复色，也叫再间色。

　　组成间色的两种颜料比例可以不同，如红＋橙：红橙，实际上相当于3/4的红颜料和1/4的黄颜料调配，所以红橙也是间色。复色都含有不同比例的三种原色，如黄灰可以看成是1/2黄色、1/4蓝色和1/4红色的调配。因此，复色中所含原色成分更换不同的比例，可以得到很多种有细微差别的灰色。

　　按照光谱分析，黑色和白色本身不是色彩。白色是物质对光谱中色光的全部反射，黑色是全部吸收，所以它们又称极色。普通绘画颜料三原色混合起来，或者两种原色构成的间色与另一种原色混和起来，都可以调成黑色。但颜料调不出白色。这种在颜料中可以混和成黑色的某一间色和另一原色，就互称补色。例如红色与绿色就互为补色关系。补色又称对比色。而间色与混合成它自己的两种原色，因为在色谱上相邻近，它们之间就互称调和色。

　　2）颜色的色度

　　色度就是指不同颜料涂抹后反映在视觉上的明暗程度。同类色相的颜料可以有不同的色度，如明绿和暗绿。不同色相的颜色比较起来又有不同的色度，如黄色比蓝色、紫色色度就浅些。

　　3）色彩的冷暖

　　不同色彩会引起人们不同的感觉。比如红、橙、黄往往使人联想到热血、火光、阳光，因而有温暖的感觉；而蓝、紫往往使人联想到夜空、海水、阴影，因而有寒冷、凉爽的感觉。前者被称为暖色，后者被称为冷色。黑、白、灰；金、银、铬介于冷暖之间，就叫中性色。颜色的冷暖是相对的，如同属红色色相的朱红较之玫瑰红就暖一些，深绿较之草绿（含有黄色成分多）就冷一些。色调的冷暖能加强建筑画的气氛。一幅展览会的设计图，采用暖色调为主的建筑画来表现，气氛就热烈；而海滨疗养所采用冷色调为主，看起来就有幽静清凉的感觉。

2．水彩渲染的辅助工作

　　水彩渲染亦须裱纸，方法同水墨渲染。水彩渲染的用纸要选择，表面光滑不吸水或者吸水性很强的纸都不宜采用。还应备有大中小号水彩画笔或普通毛笔、调色碟、洗笔和贮放清水的杯子。可先进行一些局部渲染的练习，再进行大幅作品的练习（图5-43）。

　　1）小样和底稿

　　水彩渲染一般都应作小样，以确定整个画面总的色调；各个部分的色相、冷暖、深浅；建筑主体和衬景的总的关系。初学者往往心中无底，以致在正式图上改来改去；因此，小样必须先作。有时还可作几个小样进行

图5-43　水彩单色渲染

比较。由于水彩颜料有一定透明度，所以水彩渲染正式图的底稿必须清晰。作底稿的铅笔常用H、HB硬度，过软的铅笔因石墨较多易污画面，过硬的铅笔又容易划裂纸面易造成绷裂。渲染完成以后，可用较硬的铅笔沿主要轮廓线或某些分割线（水泥块、地面分块等）再细心加一道线，这样，画面更显得清晰醒目。

2）颜料

一般宜用水彩画颜料，它透明度高，照相色也可。渲染过程中要调配足够的颜料或者对颜料进行过滤，以保证颜料没有沉淀。用过的干结颜料因有颗粒而不能再用。此外，颜料的下述特性应当引起我们注意：

沉淀：赭石、群青、土红、土黄等在渲染中易沉淀。作大面积渲染时要掌握好它们和水的多少，渲染的速度，运笔的轻重，颜料配水量的均匀，并不时轻轻搅动配好的颜料，以免造成着色后的沉淀不均匀和颗粒大小不一致。掌握颜料沉淀的特性，我们还能获得某些特殊效果，如利用它来表现材料的粗糙表面等。

透明：柠檬黄、普蓝、西洋红等颜料透明度高，而易沉淀的颜料透明度低。在逐层叠加渲染时，宜先着透明色，后着不透明色；先着无沉淀色，后着有沉淀色；先浅色，后深色；先暖色，后冷色，以避免画面晦暗呆滞，或后加的色彩冲掉原来的底色。

调配：颜料的不同调配方式可以达到不同的效果。如红、蓝两色先后叠加上色和两者混合后上色的效果就不同。一般说来，调和色叠加上色，色彩易鲜艳；对比色叠加上色，色彩易灰暗。

3）渲染

平涂、叠加和退晕是渲染中最常用的技法。

平涂法：图板略有斜度，大面积水平用笔，小面积可垂直运笔，趁湿衔接笔触，可取得均匀整洁的效果

叠加法：图板平置，将需染色的部位按明暗光影分界，用同一浓度的颜色进行平涂，留浅画深，干透再画，层层叠加，最终可以获得同一色彩不同层面的变化效果。

退晕法：将图板倾斜，先平涂后，趁湿的时候在下方用水或加色使之渐淡或者变深，形成渐变的效果。退晕的时候多环形用笔，使笔不直接与纸接触，而是用颜色与纸进行接触，从而达到不留笔触的效果（图5-44）。

4）擦洗

颜料能被清水擦洗，这有助于我们作必要的修改；也能利用擦洗达到特殊的效果，如洗出云彩，洗出倒影。一般用毛笔蘸清水擦洗即可，但要避免擦伤纸面。

3．水彩渲染的方法步骤

水彩渲染的运笔方法基本上同水墨渲染。下面介绍水彩渲染的几个主要步骤。

1) 定基调，铺底色

定基调主要是确定画面的总体色调和各个主要部分的底色。一般来说，建筑物在阳光下都呈暖色调，为取得天空、地面和建筑物的整体统一，先用土黄色将整个画面淡淡地平涂一层，再区分建筑物和天空不同色调和色度，拉开两者的距离。群青渲染时采用由上向下逐渐变浅的退晕法。建筑物的屋顶、墙面、红门、绿柱、台阶和地面等都铺上各自的颜色。

2) 分层次，作体积

这一部分主要是渲染光影，光影做得好，层次拉得开，体积出得来。如图中的屋顶由上向下略微加深，表示出屋顶的坡度；近门处的地面偏暖偏浅，离门远处的地面则偏冷偏灰，表现出远近的距离感。同样道理，在画面左侧的局部大样中，则采用加强色彩纯度的办法，使油漆的颜色比远处全景中的相同颜色更加鲜艳，从而拉开了远近景之间的距离。

建筑物的阴影最能表现画面层次和衬托体积，是突出画面效果的重要因素。图5-45中的大片阴影，拉开了屋顶和大门间的空间层次；大门两侧的三角形阴影，衬托出抱鼓石的体积。阴影的渲染一般均采用上浅下深、上暖下冷地变化，这样做是为了反映出地面的反光，同时也使得阴影部分与受光部分的交界处明暗对比更为强烈，增加画面的光线感。如果被阴影所覆盖的是不同颜色或质地的材料，要特别注意它们之间的衔接以及彼此间的整体统一，因为它们都是在同一光线照射下的结果。一般可以先上一、两遍偏暖或偏冷的浅灰色，然后再按各自的颜色进行渲染。图中阴影中的红门、青绿彩画和白墙等，便是先整体铺设了统一的底色。

平涂与退晕都应将图板呈一定斜度，平涂和大面积退晕可用排刷

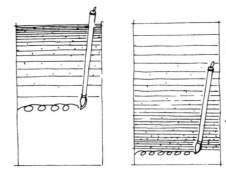
小面积退晕宜用大白云笔，笔腹含水饱和，笔锋轻触纸面，旋转运笔

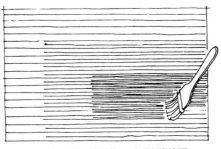
叠加实际上是平涂用笔，干后留浅涂深，每次叠加的颜色保持不变

图5-44 水彩基本渲染手法

图 5-45　水彩渲染

3）细刻画，求统一

在上一步骤的基础上，对画面表现的空间层次、建筑体积、材料质感和光影变化作深入细致的描写。如通过细小的退晕变化表现瓦垅的圆柱形体积；通过对球体明暗交接线的强调表现垂莲的形状以及对彩画、雕刻和砖墙分块等的刻画。此时应注意掌握分寸，深浅适度，切不可因过分强调细部而显得零乱琐碎。同时对前面所完成的步骤也应进行全面的调整，包括色彩的冷暖、光线的明暗、阴影的深浅等等，以求得画面的统一。

最后画衬景。有些学生往往急于出效果，在建筑物本身还没有渲染好就画出树木衬景，因而喧宾夺主，画面不协调。树木、松墙、草地以及地面分块（乃至有的画面上需要作出的云层、远山、人物、汽车）等都应和建筑物融合成一个环境整体，它们都是为了衬托建筑主体。因此，衬景的渲染色彩要简洁，形象要简练，用笔不宜过碎，尽可能一遍画成。

以上介绍的是立面图水彩渲染的步骤。如果是透视效果图，大体也如此，不同的是在透视图上一般能看到互相垂直的相邻的墙面，因而在步骤2中要将亮面和阴面（或者是亮面和次亮面）区别开来。总之，透视图的水彩渲染要注意运用色度、冷暖、刻画的精细和粗略等手段把面的转折做出来。

4．建筑局部水彩渲染技法要领

局部渲染是在区分了大面以后进行深入刻画的必要过程，此时极要注意局部与整体的统一。下面就常见的一些局部，分别介绍其渲染的技法要领。

1）砖墙面（图 5-46）

较小尺度的清水砖墙面渲染方法有两种：一是墙面平涂或退晕着上底色后，用铅笔打上横向砖缝；二是使用鸭嘴笔用墙面色调作水平线，线与线之间的缝隙相当于水平砖缝。这种画法要注意线条所表现的砖的宽度，符合尺度；线条中可间有停断，效果更生动一些。有些尺度很小的清水砖墙则可作整片渲染不留砖缝。尺度较大的砖墙画法是，事先打好砖缝的铅笔稿，第一步淡淡地涂一层底色，留下高光后第二步平涂或退晕着色；第三步，挑少量砖块做一些变化，表示砖块深浅不同，画面更为丰富些。

2）抹灰墙面

一般做略带退晕（表示光影透视或周围环境的反光）的整片渲染；较粗糙的面还

可以用铅笔打一些点子。凡有分块的墙面，也可挑出少部分做些变化。如果尺度较大，分块的边棱要留出高光，并要做出缝影。

3）瓦屋顶坡面

水泥瓦、陶瓦、石板瓦屋顶坡面的渲染步骤大体相同，即第一步上底色，并根据总体色调和光影要求做出退晕，表现出坡度；第二步做瓦缝的水平阴影，如果有邻近建筑或树的影子落在瓦面上，则宜斜向运笔借以表现屋顶的坡度；第三步挑出少量瓦块做些变化。

4）玻璃门窗

一般来说，玻璃门窗在色彩上属冷色调，在建筑墙面上属于"虚"的部分，在材料质感上光滑透明，因而它与墙面、屋顶形成冷暖、虚实、体量轻重、表面平滑和粗糙等多方面的对比。因此，玻璃门窗渲染好了，建筑的整体大效果就基本上表现出来了。玻璃的色调通常选择蓝紫、蓝绿、蓝灰等蓝色调，宜用透明色，忌用易沉淀的颜料。渲染的步骤是：一、做底色，如门窗框较深可在门窗洞的范围内做整片渲染；二、做玻璃上光影；三、做玻璃上光影变化；四、做门窗框；五、做门窗框上的阴影。面砖也可有较为类似的方法进行绘制，相对要减少光影的效果（图5-47）。

5）虎皮石墙面（图5-48）

图5-46 砖墙面表现

图5-47 面砖墙面表现

图5-48 虎皮石墙面表现

它的渲染比较简单。用铅笔做好底稿后平涂一层淡底色，然后在统一的色调下将各块碎石做多种微小变化，逐一填色，再做出石块的棱影。

5．水彩渲染常见错误

这里主要列举了技法上的问题；至于色彩选择不当等，是提高修养的问题，不在此例。

1) 间色或复色渲染调色不匀造成花斑；
2) 使用易沉淀颜料时，由于运笔速度不匀或颜料和水不匀而造成沉淀不匀；
3) 颜料搅拌过多发污；
4) 色度到极限发死；
5) 覆盖的一层浅色或清水洗掉了较深的底色；
6) 擦伤了纸面，出现了毛斑；
7) 使用干结后的颜料，颗粒造成麻点；
8) 退晕过程中变化不匀造成突变的台阶；
9) 渲染到底部积水造成了返水；
10) 纸面有油污；
11) 画面未干滴入水点；
12) 工作不细致涂出边界。

第五节　模型制作基础

模型能以三度空间的表现力表现一项设计，观赏者能从各个不同角度看到实物的体形、空间及其周围环境，因而它能在一定程度上弥补图纸的局限性。环境设计的复杂的功能要求，巧妙的艺术构思常常得出难以想像的形体和空间，仅仅用图纸是难以充分表达它们的。设计师常常在设计过程中借助于模型来酝酿、推敲和完善自己的设计创作。当然，作为一种表现技巧的模型，它也有自己的局限，它并不能完全取代设计图纸。

1．模型的种类

按照用途分类：一是展示用的，多在设计完成后制作；二是设计用的，即为推敲方案在设计过程中制作和修改的。前者制作精细，后者比较粗糙。

按照材料分类：

——油泥（橡皮泥）、石膏条块或泡沫塑料条块：多用于设计用模型，尤其在城镇规划和住宅街坊的模型制作中广泛采用；

——木板或三夹板、塑料板；

——硬纸板或吹塑纸板：各种颜色的吹塑纸用于建筑模型的制作非常方便和适用。它和泡沫塑料块一样，切割和粘结都比较容易；

——有机玻璃、金属薄板等：多用于能看到室内布置或结构构造的高级展示用的建筑模型，加工制作复杂，价格昂贵。

2．简易模型制作练习

结合空间造型设计进行简易模型制作练习，一方面能培养学生的想像力和创造力，打一点空间构图的基础；另一方面将使学生初步学习选择模型制作的材料、使用工具和简单模型的制作方法。

1）形体的组合练习

进行各种比例的长、宽、高、矩形、方体的拼接和组合。材料和工具：泡沫塑料块、泡沫海绵（染成绿色表示绿化）、底板、电阻丝切割器和胶粘剂。

制作方法：根据作业要求确定方体尺寸；调节切割器上挡板达到尺寸要求；打开电门，切割泡沫塑料块；组合方体，使用胶粘剂粘贴方体和泡沫海绵。

2）庭园空间模型练习

这一练习和前两项不同之处是：它不仅要考虑各种不同质感材料的设计，而且要考虑各个部分相互的比例关系以及与人的尺度关系；此外，功能的与观赏的要求都高了，所有这都使模型制作增加了难度。

材料和工具：主要是用吹塑纸做大块地面、墙面和屋面材料。

制作方法：按要求的比例尺做好底板（如1/100）并在底板上标明主要模型部件，如墙、水池、亭子等的位置；分部件使用各自材料逐一制作；将准备好的各种部件进行黏结、调整；注意次序是先地面后地上、先大部件（如建筑物）后小部件和树木衬景。

3．工作模型

工作模型即前述设计过程中的模型，通过它能够及时地把方案设计的内容以立体和空间的方式形象地表现出来，具有更为直观的效果，从而有利于方案的改进和深入。

在设计中，设计方案和制作工作模型可以交替进行，相辅相成；可以从方案的平、立、剖面草图开始，根据草图制作模型，也可以直接从模型入手，利用模型的移动和改变进行方案构思和比较，然后在图纸上做平、立、剖面图的记录。如此，通过草图和模型的不断修改和往复，达到方案的最后完善。

工作模型的材料应尽量选择易于加工和拆改的材料，如聚苯乙烯块、卡纸、木材等。其制作不必十分精细，且应易于改动（图5-49）。

4．正式模型

正式模型要求准确完整地表现方案设计的最后成果，要求具有艺术表现力和展示效果。模型表现可有两种方式:一种是以各种实际材料或代用物尽量表达室内的真实效果。另一种是以某一种材料为主,如卡纸、木片等,将实际材料的肌里和色彩进行简化或抽象,其优点是能够促使学生把主要精力集中在空间关系处理这一基本训练要点上,不为单纯的材料模仿和繁琐的工艺制作耗费过多的时间。

图 5-49 模型

图 片 来 源

1. 图2-1、图2-2. 罗哲文. 中国古园林史. 北京：中国建筑工业出版社，1999
2. 图2-5. 人类文明史图鉴系列丛书. 吉林：吉林人民美术出版社，吉林美术出版社
3. 图2-6. 若瑟甘吉著，罗马的昨日和今日，罗马，G&G出版社
4. 图2-7. 针之谷钟吉著，皱洪灿译. 西方造园变迁史. 北京：中国建筑工业出版社，1991
5. 图2-8. 费·阿·戈罗霍夫著，郦芷若等译. 世界公园. 北京：中国科技出版社，1992
6. 图4-2. 项秉仁. 国外著名建筑师丛书——赖特. 北京：中国建筑工业出版社，1992
7. 图4-3. 景观设计——日本年度景观设计作品. 大连：大连理工大学出版社，2003
8. 图4-5. 景观设计——商务办公区景观设计. 大连：大连理工大学出版社，2005
9. 图4-6. 石铁矛，李志明. 国外著名建筑师丛书——约翰·波特曼. 北京：中国建筑工业出版社，2003
10. 图4-7. 大师系列丛书编辑部，赫尔佐格和德梅隆的作品与思想. 北京：中国电力出版社，2005
11. 图4-8. 王晓俊，风景园林设计. 南京：江苏科学技术出版社，2000
12. 图5-1、图5-6（德）维勒格编，苏柳梅译. 德国景观设计1. 沈阳：辽宁科学技术出版社，2001
13. 图5-36、图5-37、图5-45. 田学哲. 建筑初步·第二版. 北京：中国建筑工业出版社，1999
14. 图5-38、图5-39、图5-40、图5-41、图5-42. 钟训正. 建筑画环境表现与技法. 北京：中国建筑工业出版社，1989
15. 附图18.（德）维勒格编，苏柳梅译. 德国景观设计1. 沈阳：辽宁科学技术出版社，2001
16. 附图20、附图21、附图22. 郑孝东. 手绘与室内设计. 海口：南海出版公司，2004
17. 附图23～附图32. 香港科讯国际出版有限公司. 手绘效果表现Ⅱ. 广州：广东经济出版社，2003
18. 附图33～附图40. 香港科讯国际出版有限公司. 手绘效果表现Ⅲ. 广州：广东经济出版社，2006

附 图

1. 景观速写

附图1 襄阳公园 玉带桥（李慧玲）

树丛在景观中所形成的轮廓、节奏和韵律美与桥的曲线形成了对比，驱使画笔快速地记下了这感受。

附 图 | 109

附图2 杭州植物园一角（屈德印）

这张速写着重刻画空间景物的层次和树木与溪流的线条美感，在画面中形成了虚与实、远与近、直线与曲线的对比。

附图3 苏州老街
（李慧玲）

线是钢笔速写的灵魂，难得的是大胆、肯定与果断，注意体味这张画面中线的意味。

附图4 布达拉宫一角（李慧玲）

黑与白的强烈对比使这张画突出了布达拉宫的雄伟气势。

附图5 雪松(屈德印)

速写的过程就是发现美的过程,普通的景致经过线条的组织体现出一种速写的运笔速度感和对景物的强调。

附图6 三峡小景
（屈德印）

　　岩石可以采用线面结合的技法概括地刻画,这张画以山为主景着重表现岩石的结构与水中的倒影。

附图7 小木屋(屈德印)

尽管小木屋位于画面的中央,但在景物的组织方面对房屋后面的白杨树进行了精心的设计,形成一种节奏与韵律美。

附　图　115

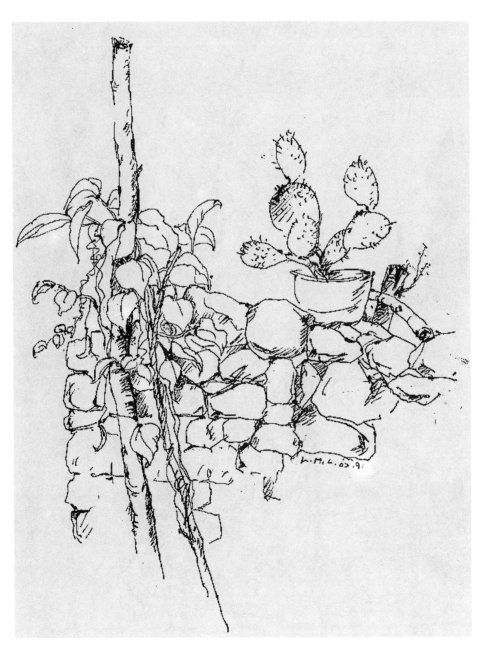

附图8　仙人掌
（屈德印）

　　这本是农家小院的普通石墙,只因顽强的无名藤本小草与墙头的仙人掌在进行着对话,从而使画面充满了生机与灵性。简洁的线条传达了这一感受。

细腻排线不仅可以表现小屋的明暗,同时也可以表达石板的质感。

附图10 林县 石板岩村
（李慧玲）

俯视速写的难点就在于画面透视的准确把握，画之前要找准灭点。

附图11 郑州 紫荆山公园（李慧玲）

　　天空云彩的刻画在特定环境中可以增强空间的纵深感，其表现方法和形式也要随着画面构图而变化。这幅画的云彩运用斜向的线条与建筑物的水平线形成对比，使原本呆板的构图活了起来。

附图12 （屈德印）

　　建筑局部速写也是景观钢笔速写搜集资料的重要手段,可以采用较为细腻的表现手段。

附图13 （屈德印）

　　线面结合可以通过黑白对比表现景物的体积与量感。上图建筑墙体的实与树木的虚形成对比，下图则刻画树根的一种雕塑感。

附图14 东南大学校园景观（屈德印）

　　经过几十年人工修剪的梧桐树，沧桑而又富有生机；从画面中我们可以感受到初春季节树木本身的线条美与春意。

附图15 杭州曲苑风荷石舫（屈德印）

　　石舫和树木在画面中都用单线，而水面则运用了排线来表现倒影的明暗关系，这样处理的目的就在于强调水面的倒影。

2. 景观彩色效果表达

附图16 建筑景观(水彩和水粉混合使用)

附图17 建筑景观(钢笔淡彩)

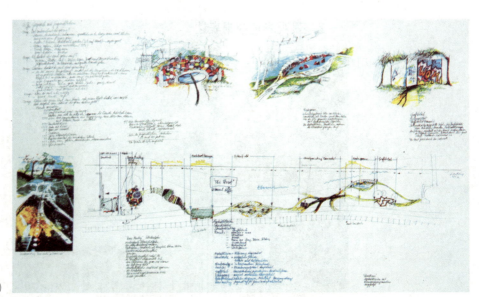

附图18 设计草图(彩铅)

附图19 景观小品(马克笔)

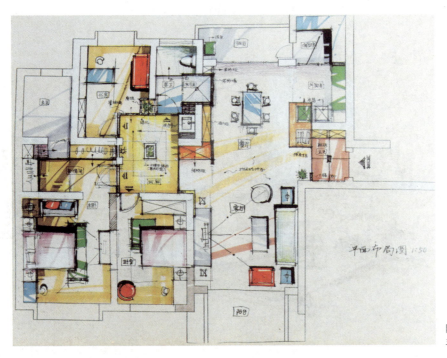

附图20 室内设计彩色平面图(马克笔)

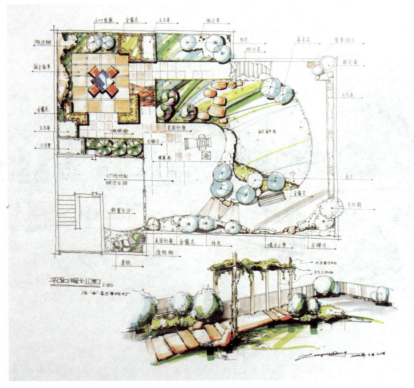

附图21 环境设计小品平面与效果图

附图22 室内效果图(钢笔、马克笔)

附图23 景观效果图

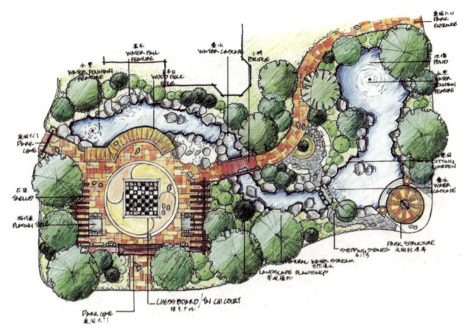

安徽合肥桂花园景观设计方案

附图24 景观设计局部平面

附图25 景观设计立面设计

附图26 小区入口景观设计

附图27 常州河景花园景观设计

附图28 小岛风情效果图

附图29　小区景观设计

附图30　深圳吟龙山庄景观设计

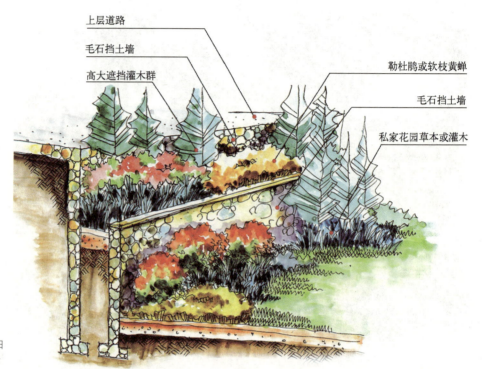

附图31　广东肇庆明阳山庄景观设计节点设计

附图32　武汉汉口春天景观设计

附图33 EDSA(亚洲)景观设计有限公司

附图34 龙岗城市枫景游泳池区域效果图

附图35　青岛石湾度假山庄

附图36　青岛胶州滞洪区

附图37 广州美庭园林作品

附图38 广州森维园林工程设计有限公司会所设计

附图39 成都优品道景观设计

附图40 上海提香别墅景观设计

参 考 文 献

1. 吴家骅.环境设计史纲.重庆：重庆大学出版社,2002
2. 费·阿·戈罗霍夫著，郦芷若等译.世界公园.北京：中国科技出版社,1992
3. 针之谷钟吉著，邹洪灿译.西方造园变迁史.北京：中国建筑工业出版社，1991
4. 周武忠著.寻求伊甸园——中西古典园林艺术比较.南京：东南大学出版社,2001
5. 罗哲文.中国古园林史.北京：中国建筑工业出版社，1999
6. 周维权.中国古典园林史.北京：清华大学出版社，1999
7. 童寯.江南园林志.北京：中国建筑工业出版社，1984
8. 李允鉌.华夏意匠.香港：广角镜出版社，1985
9. 段进.城市空间发展论.南京：江苏科技出版社，1999
10. 若瑟甘吉著.罗马的昨日和今日.罗马，G&G出版社,1999
11. 人类文明史图鉴系列丛书.吉林：吉林人民美术出版社,吉林美术出版社,2000
12. 钱健，宋雷.建筑外环境设计.上海：同济大学出版社,2001
13. 王朋.环境艺术设计.北京：中国纺织出版社，1998
14. 李砚祖.环境艺术设计的新视界.北京：中国人民大学出版社,2002
15. 董万里，许亮编著.环境艺术设计原理.重庆：重庆大学出版社，2003
16. 刘芳，苗阳编著.建筑空间设计.上海：同济大学出版社，2001
17. 彭一刚.建筑空间组合论.北京：中国建筑工业出版社，1983
18. 高亦兰，王海.人性化建筑外部空间的创造(J).华中建筑,1999
19. 芦原义信.外部空间.北京：中国建筑工业出版社，1985
20. 柳孝图主编.建筑物理·第二版.北京：中国建筑工业出版社，2000
21. 赵军.环境艺术设计基础.天津：天津人民美术出版社，2001
22. 田学哲.建筑初步·第二版.北京：中国建筑工业出版社，1999
23. 夏祖华，黄伟康.城市空间设计.南京：东南大学出版社，1992
24. 李朝阳.室内空间设计.北京：中国建筑工业出版社，1999
25. 李开然.景观设计基础.上海：上海人民美术出版社，2006
26. 隋洋.室内设计原理.长春：吉林美术出版社，2006
27. 刘蔓.景观艺术设计.昆明：西南师范大学出版社，2000
28. 黎志涛.室内设计方法入门.北京：中国建筑工业出版社，2004
29. 陈易.建筑室内设计.上海：同济大学出版社，2001
30. 王晓俊.风景园林设计.南京：江苏科学技术出版社，2000
31. 项秉仁.国外著名建筑师丛书——赖特.北京：中国建筑工业出版社，1992
32. 石铁矛，李志明.国外著名建筑师丛书——约翰·波特曼.北京：中国建筑工业出版社，2003
33. 大师系列丛书编辑部.赫尔佐格和德梅隆的作品与思想.北京：中国电力出版社，2005